NHK
趣味の園芸

Sowing Seeds,Taking Cuttings,and Dividing Plants

**12か月
栽培ナビ
Do**

花苗をふやす
タネまき・さし木・株分け

Shimada Yukiko

島田有紀子

JN015251

Contents

● 種苗法により、種苗登録された品種については譲渡・販売目的での無断増殖は禁止されています。さし木、株分けなどの栄養繁殖を行う場合は事前によく確認しましょう。

本書の使い方

本書は、花壇や鉢植えで楽しむ植物のふやし方をプロセス写真でわかりやすく紹介しています。
初心者のみなさんはもちろん、ガーデニング歴の長いベテランのみなさんにも、基本の知識、
テクニックを確認していただけます。タネから育てる、あるいはさし木でふやす、
元気のない大株を株分けでリフレッシュさせながらふやすなど、花苗のふやし方のすべてを取り上げました。

ふやし方
基本の知識とテクニック

タネまき、さし木、株分けに分け、それぞれのテクニックをプロセス写真で詳しく紹介しています。
●タネまき/いろいろなタネのまき方から移植までを解説しました。花壇で使われる主な一年草の花図鑑も収載しています。
●さし木/植物の部位別に茎ざし、葉ざし、根ざしを紹介しました。
●株分け/宿根草を例に、ふえ方別にどのように株を分けるか、詳しく紹介し、あわせて株分けでふやす宿根草図鑑を載せています。

P.5〜50

12か月栽培ナビ

P.51〜96

月ごとに、花壇の様子や園芸作業全般に触れながらその月にできるふやし作業と関連知識を解説しています。タネまき、さし木、株分けの最適期では、それぞれ、よく栽培されている植物を例に、より詳しい作業の実際を写真で紹介しました。

今月の
主な作業

今月の
花仕事

今月の
主な作業を
リストアップ

上級編の
やってみたい
作業を紹介

もっと知りたい!
ふえ方、ふやし方

P.97〜109

植物の生理や生育過程に基づき、発芽の仕組み、さし木の生理などを解説しました。
あわせて花図鑑に紹介している春まき・秋まき一年草の管理・作業カレンダー、主な鉢花の管理・作業カレンダーを紹介しています。

●本書は関東地方以西(平地)を基準に説明しています。地域や気候により、作業適期、生育状態や開花期が異なります。

Chapter 1

ふやし方
基本の知識とテクニック

子どものころにアサガオやヒマワリのタネをまいて、
花が咲いたときの喜びは
いくつになっても忘れない、そんな人が
多いのではないでしょうか。
園芸の楽しみ、喜びはタネをまくことから始まります。
そして、大きく育った植物のさし木や株分け……。
園芸作業の基本を、もう一度、一から確認しましょう。
思いがけない知識や目からうろこのテクニックに
ワクワクするはずです。

ふやす楽しみは園芸の醍醐味

ふやし方いろいろ。喜びひとしお！

お気に入りの植物をたくさん育てたい、株が弱ったときの保険を兼ねて予備株をつくりたい、花友達と苗の交換をしたいなど、株をふやしたい場面はたくさんあるでしょう。ふやした苗を地域のコミュニティガーデンなどに利用すれば、彩り豊かな街並みづくりに役立ち、楽しみながら人との交流も深まります。自分でふやせばローコストで、なにより買ってきた花苗だけでは味わえない「育てる喜び」があります。

ふやす方法は3つに大別

タネで、植物体の一部をさして、株分けで

本書で扱う花苗をふやす方法には、大きく分けて❶タネでふやす　❷茎や葉、根といった植物体の一部を切り、さしてふやす　❸株分けでふやす、の3つの方法に分けられます。タネでふやす方法（❶）は、安価でたくさんふやしたいときに便利です。一方、植物の体を使う方法には、さし木（❷）、つぎ木、とり木、株分け（❸）、球根の分球などがあり、タネからよりもふえる量は少ないながら短い期間でふやすことができます。それぞれに難易とメリット、デメリットがあります。

❶ タネでふやす（12ページ参照）

私たちは、市販のタネをまくことが一般的ですが、育種家や一部の趣味家は交配[*1]してタネをとります。タネのとり方は2つの別個体を交配する場合や1つの株で自家受粉させる場合などいろいろですが、親株に雑種[*2]を使うと発芽した子どもの株は父親の株と母親の株の遺伝子が混ざったり、分離したりするので姿、形、性質は親株と異なることがあります。期待外れのときもあれば期待以上の植物に出会うこともあり、どんな植物になるか想像しながら育てるのは楽しいものです。これを応用すれば、自分で選んだ植物を交配し、夢の花をつくることもできます。なお、専門的にはタネからふやすことを「種子繁殖」といいます。

タネをまくと、数日から2週間程度で芽が出る[*3]ことに感動するでしょう。特に、土を持ち上げて子葉が顔を出そうとしている姿は小さくても命の力強さを感じます。無事に子葉が展開するとまず安堵し、そのあと順調に成長して、やがて花を咲かせたときの喜びと達成感はひとしおです。さらに花後も果実が熟すまで見届け、自分でタネをとり、翌年再びまいて花を咲かせれば楽しみは倍増します。

*1　1つまたは2つの植物の間で受粉（雌しべに雄しべの花粉をつける）を行ってタネをつくること。
*2　異なる遺伝子をもつ両親から生まれた子どもの株。
*3　一部の宿根草はまいた年ではなく、次年の春に発芽する。

タネは通常、育苗箱やポットにまくことが多い。写真はサルビアやケイトウ、レースラベンダーなどを育苗箱にまいて発芽させたもの。

❷ 植物の体の一部を切り、さしてふやす
（34ページ参照）

　さし木では、親植物の体の一部をさし穂とするため、親植物とまったく同じ遺伝形質が受け継がれ、親植物と同じ姿、形、性質の植物が得られます。

　さし木は不思議だらけです。ただの枝から根が生えてきたり、根も芽もない1枚の葉から根と芽が出てきたり。あっと驚く、そんな経験が楽しみに変わります。

茎をさす茎ざし。写真はゼラニウム。

ゼラニウムの茎ざしからの発根。茎の切り口付近から多くの根が出ている。

❸ 株分けでふやす（42ページ参照）

　株分けは根をつけて株を分割するので、その後の発根や活着の失敗が少なく、年々大きくなる宿根草をふやすときに役立つ方法です。

　さし木や株分けのように植物体の一部を使ってふやす方法を専門的には「栄養繁殖」といいます。

株分けはハサミや手で株を分割すること。写真はクリスマスローズ。

ふやせば同時に若返りも

　ふやすことは、植物を若返りさせる効果を兼ね備えています。その若返りの程度は、株分けよりもさし木、さし木よりもタネから育てるほうがいっそう顕著です。さらに、さし木のなかでも、茎ざしよりも葉ざしのほうが、もともとある芽ではなく、新たに芽がつくられるので、もっと若返ります。古根や古茎を残すよりも、新たに根や芽を出させるほうが生育旺盛になるからです。そして、タネは世代交代という意味で究極の若返りです。一年草、宿根草、木本……植物に合わせて効果的な若返り方法を選びましょう。

発芽までのワクワク

タネからふやす

　家庭園芸では、タネを花壇に直まきしたりポットなどにまきます。発芽までの時間は待ち遠しいワクワクする時間でもあります。

花壇にまく

ヒマワリのタネを直まきする。

発芽した。このあと1本に間引く。

ポットにまく

大きなタネはポットにまいて、発芽後、適当な大きさに育て、植え替えることもできる。

Point
タネまきの時期は？

　地域によってまきどきは変わるが、関東地方以西では春まき一年草は4月上旬〜7月上旬まで、秋まき一年草は9月が適期（詳しくは13ページ参照）。秋から楽しみたいパンジー、ビオラやハボタン、ストックなどは8月にまく。春は遅霜に注意し、必要に応じて室内でまくか、防寒する。秋は日に日に気温が低下するので、タネまきが遅れると発芽や成長が鈍り、秋の間に植えつけることができなくなる。機会を逃さないようにしよう。

株分けが簡単

株を分ける

　株を切り分けると、たった1株から何株ものまったく同じ植物が得られます。

堅い根はハサミで切り分ける

シャクヤクの根をハサミで切り分ける。

大きく2つに分けた。

根をほどきやすい株は手で分ける

クンシランを手で分ける。

Point

生育期直前または休眠期に株を割る

　株分けは、株をいくつかに分割する方法で、宿根草の最も確実なふやし方である。一般に、初夏から秋にかけて開花する宿根草は2月下旬〜4月中旬に、春に開花する宿根草は9月下旬〜11月が株分けの適期。新芽が動きだす直前か、休眠期に入るころが株への負担が少なくてすむ。植物の種類により、成長の早さや株のふえ方が異なるので、株分けのタイミングや方法は異なる（詳しくは42ページ参照）。

9

命の再生の不思議

植物の体を用土にさしてふやす

　茎ざしや葉ざし、根ざしのようなさし木をはじめ、球根を、底盤部*をつけて6〜8等分に縦に切り分けてさしたり（右のスノードロップやスイセンなど）、球根の鱗片をはがしてさす方法があります。鱗片は葉が肥厚して多肉となったものなので葉ざしの一種といえます（85ページでユリの鱗片ざしを紹介）。植物の生命力の不思議と強さを実感します。

葉をさす❶　　例：ストレプトカーパス

葉を用土にさす葉ざし。写真はストレプトカーパス。

開花まではおよそ1年半。

葉をさす❷　　例：ユーコミス

ユーコミスの葉ざしから発生した子球。

ユーコミスの花。開花まではおよそ2年。

球根の一部をさす　　例：スノードロップ

鱗片を切り分けて用土にさすスノードロップの切片ざし（83ページ参照）。

3か月後、小さな球根が発生。

開花までおよそ3年。タネから育てると5年ほどかかる。

　　＊球根の下部の扁平になった短縮茎で根が出る部分。

茎をさす　　　　例：シャコバサボテン

シャコバサボテンの茎（茎節）。66 ページ参照。

5月　｜　湿らせた水ゴケを巻いてポットに詰める。

6月　｜　発根後、3つのポットを寄せ植えする。

12月　｜　開花。

Point
「さし木」とは？

　茎、芽、葉、根など、植物体の一部を切り離して清潔な用土や水などにさし、根や芽を出させて新しい植物をつくる方法全般を指す。切り離した部分を「さし穂」といい、さし穂の部位によって、茎ざし、葉ざし、根ざしがある。特に、茎を切ってさし、切り口付近から根を出させる茎ざしは、草本植物および木本植物ともに最も一般的なふやし方である。木本植物ではさし木、草本植物ではさし芽とも呼ぶ。詳しくは34ページ参照。また、発根や芽の発生のために大きな役割を果たす植物ホルモンについては107ページで解説。

タネまき

メリットいっぱい

❶ 低予算

　タネをまけば、安価でたくさんの苗を得ることができます。

❷ 高性種や珍しい品種の栽培が容易

　市販される花苗は流通過程や店頭での取り扱いの都合上、草丈の低い種類が多く、クレオメやホウセンカなどのような草丈の高い種類はほとんど手に入りません。また、ポピュラーな品種がほとんどで、ちょっと珍しい種類の苗は簡単には入手しにくいものです。しかし、タネであれば、さまざまな種類の草花が比較的容易に入手できますし、インターネットの通販サイトを利用すればもっと変わり種の植物を育てることができます。

❸ まきどきの調整で、植えつけ適期によい苗が得られる

　市販の花苗は季節を先取りして店頭に並ぶことが多いため、入手と植えつけのタイミングを逃すと、根詰まりしていたり、肥料切れを起こしたりした老化苗しかなく、植えたい時期によい苗が入手できないことがあります。また、春早いうちに高温性の苗を入手して植えつけ、寒の戻りにあって傷んでしまった、そんなこともあるでしょう。しかし、タネであれば、植えつけたい時期から逆算してまけばよいので、いつでもよい苗が準備できます。よい苗を植えつければスムーズに成長します。

❹ まきどきの調整で草丈も調整

　短日植物*のコスモスは日にちをずらしてまけば草丈が変わります。まきどきは4〜7月ですが、遅くまくほど夏至を過ぎて日が短くなった時期に生育するので、草丈が低いまま、早く開花します。台風に遭遇しても被害を受けにくくなります。

　同様に、ウモウケイトウをお盆のころにまいたり、マリーゴールドやサルビア・スプレンデンスを冬に暖かい部屋でまくと、かわいらしい小さな草丈で花が見られます。

❺ 多粒(たりゅう)まきでアレンジいろいろ

　3〜4号鉢ぐらいで販売されるミニハボタンはコンテナガーデンやハンギングバスケットにあしらわれるおなじみの草花ですが、同じ品種でも1つの鉢に多粒まき（1つの容器に多くのタネをまく）すると、ミニハボタンとも、門松用の大きなハボタンとも、まったく雰囲気を異にする可憐な姿になります。ヒマワリやコスモスなど、多くの草花で、鉢の中の花畑を楽しむことができます。また、市販されるカラフルなウモウケイトウの多粒まき鉢も自分でつくれます。

高性で花苗が出回りにくいクレオメ。

　*日が短くなると花芽をつける種類。

タネはいつまく？

発芽の3条件（水、温度、酸素）がそろう春と秋が適期

タネの発芽には、水、温度、酸素の3つの条件すべてが満たされる必要があります。

① 水： まき床はタネが発芽するまで常に適度に湿っている状態を保ちます。花壇などに直まきしたときは、覆土したあと、土の表面を軽く鎮圧すると水もちがよくなります。育苗箱などにまいた場合も新聞紙をかぶせると乾燥を抑えられます。

② 温度（発芽適温）： 発芽に適した1日の平均地温のことです。植物の種類によって発芽適温は異なりますが、おおむね春と秋がタネまきの適期です。

●春まきはソメイヨシノが散るころから7月上旬

一・二年草も宿根草もタネから育てることができます。熱帯・亜熱帯性草花の発芽適温は20〜30℃ぐらい、温帯性草花では15〜20℃ぐらいです。一般に、春まきの適期はその地方のソメイヨシノが散るころから7月上旬ごろまでで、春先に暖かくなってきたと感じても、土は発芽適温に達していないことが多々あるので、地温が十分に温まる時期まで待ちます。早くまきたいときは、ビニールトンネルやホットキャップ（94ページ参照）などで保温しましょう。

●秋まきはススキの穂が出始める9月

秋は急速に気温が低下するので、タネまきが遅れると発芽や成長が鈍り、秋の間に植えつけることができなくなってしまいます。タイミングよくまいて寒さが到来するまでに苗を大きくしておきましょう。

③ 酸素： タネは呼吸しているので、多湿にすると、酸素欠乏になり、発芽が阻害されます。適湿であれば酸素は土壌中に十分にあるので問題になりません。

さらに **光：** 多くのタネは光の有無に関係なく発芽しますが、なかには発芽に光が関与する種類があります。光が当たると発芽が促されるタネを好光性種子（明発芽種子ともいう）、光によって発芽が抑制されるタネを嫌光性種子（暗発芽種子）といいます（詳しくは99ページ参照）。

好光性種子の一例

インパチエンス

ペチュニア

キンギョソウ

デージー

嫌光性種子の一例

ニゲラ

ビンカ（ニチニチソウ）

ラークスパー

ワスレナグサ

タネをまくときに準備するもの

用土

　病気の発生の心配がない新しい用土で、保水性と通気性のよいものを選びます。市販のタネまき用土には微量の肥料が含まれており、発芽後の初期生育を助けます。自分でつくる場合は、ピートモスとバーミキュライトを等量配合したものや、小粒の赤玉土単用がよいでしょう。

左はピートモスとバーミキュライトの等量配合。右は赤玉土の小粒。

用具

1. **育苗箱** 中ぐらいのタネ用
2. **定規（育苗箱の用土に溝を掘る）**
3. **平鉢（5～6号）** 小さなタネ用
4. **ラベル**
5. **鉢受け皿**
6. **ピンセット（へらつき）**
7. **3号ポット** 大きなタネ用
8. **市販のタネまき用土**
9. **ピート板*** 小さなタネ用

※ほかにジョウロ（ハス口がなるべく細かな穴のもの）、ハサミ、鉢底ネットなど。

鉢、ポットの大きさについて

口径（直径）で分けられ、号（3cm単位だが0.5号＝1.5cm刻み）またはcmで表示される。例えば、3号ポットは直径9cmのポットのこと。

　＊ピートモスを板状に圧縮したタネまき用土。微細なタネのまき床に適する。

タネまき後に使うもの

ジョウロは水やりに必須の用具。ハス口は取り外しが可能で、細かな穴のものがよい。

ハサミは間引きに便利。苗を間引くときは、残す苗の根を傷めないようにハサミを使う。

イチゴパックなど食品容器を使う

少量のタネをまくときは小さめのまき床として、イチゴなど果物のプラスチック容器が代用できる。底にキリや千枚通しなどで、内側から水抜き穴を複数あけておく。

数種類のタネをまく場合は育苗箱が便利。1種類1列ずつすじまきする（20ページで紹介）。

プラスチック容器に水抜き穴をあけ、タネまき用土を入れてすじまきする。写真はサルビアのタネを1cm間隔でまくところ。

タネの上に、人さし指と親指で土をつまみ寄せて覆土する。

タネのいろいろ

大きさでまき床とまき方が変わる

　ひと口にタネ、といっても大きさはさまざまで、1cm以上の大きさから肉眼ではよく見えないほど小さなものまでいろいろな大きさがあります。タネの大小で容器（まき床）やまき方が変わります。

大きいタネ……点まき

例：ヒマワリ、アサガオ、コスモス、フウセンカズラなど／丈夫で生育が早いものが多い。花壇に直接まく（直まき）か、ポットにまく。1か所に数粒まく「点まき」が向く。嫌光性種子が多い。

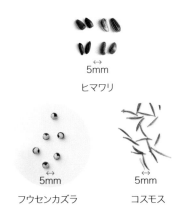

↔
5mm
ヒマワリ

フウセンカズラ　　　コスモス
↔　　　　　　↔
5mm　　　　5mm

ポットにヒマワリのタネをまく。

小～中ぐらいのタネ……すじまき

例：ケイトウ、レースラベンダー、サルビア、メランポジウムなど／育苗箱に「すじまき」が向く。嫌光性種子が多い。

↔　　　　　　↔
5mm　　　　5mm
ケイトウ　　　サルビア

育苗箱に6種類をすじまき。20ページ参照。

微細なタネ……ばらまき

例：ベゴニア、ペチュニア、トレニア、マツバボタンなど／ピート板や、平鉢にタネを均一に散らしてまく「ばらまき」が向く。底面給水で水を与える。好光性種子が多い。

↔　　　　　　↔
5mm　　　　5mm
マツバボタン　　ペチュニア

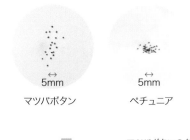

マツバボタンのタネをまいて底面給水で発芽させる。

Point

ペレット種子、カラーシード

市販のタネにはまきやすく
処理されたものがあります。

ペレット種子（コーティング種子）

　ベゴニア・センパフローレンスのような微細なタネは、10㎖で20〜30万粒もある。このような指でつまめないほどの微細なタネは、まきやすくするために粘土などでコーティングして販売されることがある。タネまき後、コーティング剤が溶けるまで霧吹きなどで水分を含ませる（90ページ参照）。

トルコギキョウの
ペレット種子。

カラーシード

　種子消毒が施されたタネ。誤って口に入れないように、タネの表面に緑や青などのカラフルな色が塗布されている。

ヒマワリのカラーシード。

タネ袋には情報がいっぱい

まく前に必ず読もう

　タネ袋には、植物の特性をはじめ、タネのまきどき、発芽適温や生育適温、まき方、発芽後の管理方法、1袋で何本育つかなど、タネまきに必要な情報がすべて記されています。市販のポット苗ではわからない植物情報もわかります。

栽培のポイント

タネのまき方

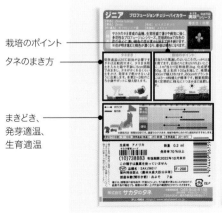

まきどき、
発芽適温、
生育適温

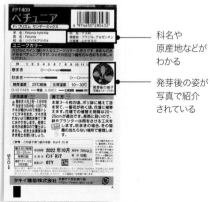

科名や
原産地などが
わかる

発芽後の姿が
写真で紹介
されている

タネまきの基本を覚えよう

手順と作業の仕方を覚える

タネとタネまき用土など、必要なものを準備したら、次の手順でタネをまきます。

❶ タネをまく

タネの大きさや光条件などに合わせて、適切なまき方をします(詳しくは19ページ参照)。

❷ 覆土

まいたタネや球根の上に土をかけてそれらを覆うことを覆土(ふくど)といいます。タネまきの場合、覆土が厚すぎると多湿になって酸素不足に陥り、発芽が悪くなりますが、薄すぎるのもよくありません。発芽する際、土との摩擦を利用して種皮が外れます。覆土には乾燥防止や、発芽時の種皮を脱げやすくするという役割があります。覆土が適度であるときは、種皮が土の中で脱げ、子葉が地上で展開するのですが、覆土が薄すぎると、根が浮き上がって地表に露出する転び苗(23ページ参照)が生じたり、種皮をかぶったまま発芽したりして子葉が健全に開かないことがあります。なお、平鉢などにばらまきした場合、手で土をかぶせるのではなく、あればふるいなどを使ってタネの上に土をかけると均一の厚みで覆土できます(77ページ参照)。

❸ 間引き

発芽した苗が多すぎて混み合うと、しっかりとした苗が育ちません。そこで、子葉(双葉)が展開したら、混み合う部分の生育の悪い苗をピンセットなどで抜いたり、ハサミで切り取ったりします。通常、2〜3回に分けて、葉が触れ合わない程度まで間引きます(21ページ参照)。

❹ 移植

本葉が4〜5枚になったら、1本ずつポットに移植して、しっかりした苗に育てます(21ページ参照)。

Point

タネまき後の管理

置き場

発芽(子葉が開くまで)までは、軒下など雨の当たらない風通しのよい明るい日陰で管理する。

水やり

一度吸水したタネは乾くと発芽しなくなるため、乾かさないように気をつける。底面給水の場合は、発芽までは鉢受け皿の水を切らさない(発芽したら速やかに底面給水をやめる)。ポットや直まきの場合は土の表面が乾いたら水を与える。好光性種子以外はタネをまいたポットや育苗箱に新聞紙などをかぶせてぬらし、乾燥を防ぐとよい。発芽し始めたら新聞紙などの覆いを取り、徐々に日光に慣らし、風通しをよくして徒長させないように注意する。

肥料

発芽までは施さない。

*発芽後の管理は25ページ参照。

大きなタネをまく

大きなタネは花壇に
直まき（24ページ）もできますが、
ここではポットにまく方法を紹介します。

ポットにまく

例：アサガオ

紙ヤスリ

アサガオのタネ。傷つけ処理*が施されていない自家採種のタネはふくらんだ部分を60番ぐらいの粗目の紙ヤスリでこすり、傷をつける。ふくらんだほうを上にしてまく。

Step **3**

指で用土をつまみ寄せるようにして覆土する。このあとジョウロでたっぷり水を与える。

Step **4**

約4〜5日で発芽し、子葉が展開する。

Step **1**

3号ポットに用土を入れ、水を与える。指で深さ1cmぐらいの穴を3か所あける。

Step **5**

一番生育のよい苗を残し、2本をハサミで根元から切り取る。こうすると残す苗の根を傷めない。

Step **2**

ピンセットでタネのふくらんだほうを上にして1穴に1粒ずつタネをまく。

Step **6**

ポットの縁に緩効性化成肥料（N-P-K=10-18-7など）適量を置き肥する。

*硬い種皮をもつなど、水や空気が透過しにくい種子の種皮を傷つけるなどして、
発根・発芽しやすくさせる処理のこと。

小〜中ぐらいのタネをまく

育苗箱にまく　　例：レースラベンダー、サルビア・ファリナセア、ケイトウ3種類

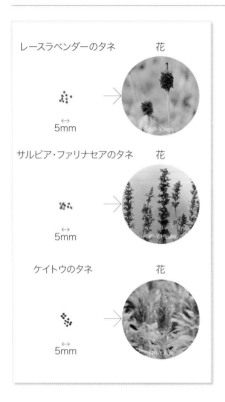

レースラベンダーのタネ　　　　花

5mm

サルビア・ファリナセアのタネ　　花

5mm

ケイトウのタネ　　　　花

5mm

Step
2

溝の中にピンセットや手で1cm間隔にタネをまく。

Step
3

溝の左右から親指と人さし指で用土をつまみ寄せて覆土する。植物名を書いたラベルを立て、たっぷり水を与える。

Step
1

育苗箱に用土を入れ、表面を平らにならして水を与える。定規などを利用し、4〜5cm間隔にタネの厚みの2〜3倍の深さの溝を掘る。

Step
4

約3〜7日で発芽し、本葉が展開し始めた。

小〜中ぐらいの大きさのタネを何種類か
まとめてまく場合には、
育苗箱へのすじまき（1列にまく）が便利です。

Step
5

混み合う部分の苗をピンセットでそっと引き抜き、葉が触れ合わない程度に間引く。

Step
6

間引きから約20日。本葉2〜4枚ぐらいになり移植できるようになった。

間引き終えた部分（白枠内）。

Step
7

根を切らないようにピンセットで苗を周囲の土ごとすくうように持ち上げる。3号ポットに移植する。

間引きが終わった。

レースラベンダー

1本ずつ
ポットに
移植

サルビア・ファリナセア

微細なタネをまく

平鉢にまく

例：ペチュニア

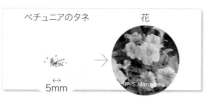

ペチュニアのタネ　　　花

←→
5mm

©NP-S.Maruyama

1

平鉢に用土を入れてならし、鉢受け皿の上に鉢を置き、水を与える。平らな厚紙の上にタネをのせ、厚紙を左右に揺らしながら、用土の上に均一にタネを落とす。

Step

2

皿に水を入れ、鉢底から給水させる。発芽がそろったら過湿にならないように速やかに底面給水をやめる。

Step

3

約10〜14日で発芽した。用土が乾いたらハス口の穴が細かいジョウロで上から水を与える。

Step

4

子葉が重なり合う部分をピンセットで間引く。

Step

5

本葉4枚ぐらいに育ったら、根を切らないようにピンセットで土ごとすくい取り、移植する。

3号ポットに移植した。

微細なタネは多くが好光性種子なので、平鉢やピート板にまき、覆土しません。平鉢の場合は底面給水で発芽させます。

ピート板にまく

例：ジギタリス

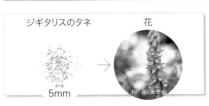
ジギタリスのタネ　　　花
5mm
NP-S.Oizumi

ピート板はピートモスを板状に圧縮してあります。水を含ませて、タネをまき、覆土はしません。まく前にひと手間かけてピート板の表面をけばだたせると根がしっかりピート板に食い込むように伸びて、元気に育ちます。この作業をしないと、種類により、転び苗が生じます（右下Point参照）。

Step 1

ピート板に水を与えて湿らせ、表面をピンセットの先でほぐすようにしてけばだたせる。あとで移植しやすいように、区分けして半分にだけタネをまく。

Step 2

タネが沈み込まないようにピンセットのへらの部分で平らにならす。

Step 3

タネのまき方は平鉢の場合と同じ（22ページ）。間引きや移植も同様。

Step 4

左半分にまき、子葉の展開後、右側半分に1本ずつ移植した。次の移植がしやすくなる。

Point

転び苗（ころびなえ）

発芽した苗の根がピート板の上に浮き上がり、苗が倒れる（転ぶ）。写真はマツバボタン。覆土を必要とするタネをまいた場合も覆土が薄すぎると根が露出して、転び苗になる。

大きなタネを
庭にまく(直まき)

大きなタネの場合や、移植を嫌う直根性の種類などは、花壇に直接まくことができます。
まく前に花壇の土づくりを行います。

花壇や庭にまく

例:ヒマワリ

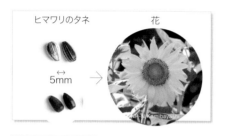

ヒマワリのタネ　花
↔
5mm →

用意するもの

① **完熟堆肥** (1㎡当たり5ℓ)
② **腐葉土** (1㎡当たり5ℓ)
③ **苦土石灰または有機石灰**
　(1㎡当たり100g)
④ **ショベル**
⑤ **元肥** (N-P-K = 10-18-7 など適量)

　タネは株間をあけて1か所に2〜3粒ずつまき(点まき)します。株間は植物によって異なるので、タネ袋で確認します。また、花壇は1週間ぐらい前に、用意した堆肥、腐葉土、苦土石灰、元肥を入れてよく耕しておきます。

Step
1

まく場所にジョウロやホースで水をたっぷりかけてから、深さ1cm程度の穴を3つあけ、3粒ずつまく。

Step
2

1穴1粒ずつタネをまき、人さし指と親指でまき穴の上に土を寄せるようにして覆土し、その後水やりする。

Step
3

発芽後、生育のよい1本を残して手で抜き取り、間引く。ハサミで切ってもよい。

よい苗をつくるコツは、適切な肥料管理

本葉が出たら液体肥料を施す

発根、発芽するまではタネの内部に蓄えられた養分で育ちますが、発芽後は養分を与えないと苗が軟弱になり、かつ成長が停滞してしまいます。市販のタネまき用土には微量の肥料が含まれていますが、これを使わない場合には、本葉が出たころから、規定倍率の2〜3倍に薄めた液体肥料を施しましょう。チッ素分が多いと徒長を招くので、リン酸分が多い液体肥料（N-P-K＝6-10-5など）が適しています。

移植の数日前にも施肥

移植用土は市販の草花用培養土など元肥入りの土を使います。ただし、移植の前後で土中の肥料濃度に差がありすぎると、移植後に苗がショックを受けて成長が一時的に止まってしまうことがあります。

無肥料の用土にタネをまいた場合は当然ですが、微量の肥料を含む市販のタネまき用土を使った場合でも、育苗の過程ですでに肥料分は少なくなっています。そこで、移植の数日前に上記の液体肥料を施して成長を促しておきます。こうすれば移植後、スムーズに成長します。

移植予定の数日前に液体肥料を施す。

Point

植えつけが遅れると苗が老化

ポットの底から白い根が見え始めたころや、ポットの周囲を触って根鉢がやや堅くなっていたら、根がほどよく回っているので速やかに苗を植えつける。すぐに植えつけられない場合は、一回り大きなポットに植え替えておく。放置しておくと苗が老化する（生育が衰える）だけでなく、植えつけたときに、根が回って固まった根鉢から新たな根が伸び出そうとせず、成長できない。また、すぐに水切れを起こすようになる。

植えつけ適期のナデシコの苗。根がほどよく回っている。

植えつけが遅れて老化した苗。根がびっしりと回って根鉢が固まり、下葉も黄変している。

春まき一年草

管理・作業カレンダーは100〜102ページ参照。

5mm
NP-S.Maruyama

アゲラタム

①20〜25℃ ②4月上旬〜5月下旬 ③6月下旬〜10月下旬

微細な好光性種子なので覆土はしないかごく薄く。1週間ほどで発芽する。チッ素分が多いと軟弱で葉が大きくなり、花つきが悪くなるので少なめに。

5mm
NP-M.Fukuda

アサガオ

①20〜25℃ ②5月 ③7月中旬〜9月下旬

硬実種子なので発芽処理されていないタネの場合は傷つけ処理（19ページ）をしてまく。直まきかポットにまき、1cmぐらい覆土をする。

5mm
NP

アスター

①15℃前後 ②3月中旬〜4月中旬（春まき）、9月下旬（秋まき）③6月上旬〜7月下旬（秋まき）、7月中旬〜9月上旬（春まき）

寒さで傷みやすいので秋まきのときは防寒して育苗する。移植を嫌うので本葉2枚で鉢上げ。

5mm
NP-S.Maruyama

インパチエンス

①20〜25℃ ②4月中旬〜5月中旬 ③6月中旬〜10月下旬

微細な好光性種子なので覆土はしないか、細粒のバーミキュライトでごく薄く覆土する。タネまきから約2か月で開花する。早まきはしない。

5mm
NP

オシロイバナ

①20〜25℃ ②4月中旬〜6月下旬 ③7月上旬〜10月下旬

タネは大きく発芽しやすい。移植を嫌うので、直まきかポットに2〜3粒まく。こぼれダネでもよく育つ。球根のように肥大した根をもち、暖地では越冬する。

5mm
NP-M.Fukuda

カンパニュラ・メジウム
（フウリンソウ、ツリガネソウ）

①20℃前後 ②5月上旬〜6月下旬（二年草タイプ）、8月中旬〜9月中旬（一年草タイプ）③5月上旬〜6月下旬

ある程度大きく育った苗でないと開花に必要な低温に感応しないため、春まきか秋早めにまく。

春まき一年草

NP-T.Narikiyo

キバナコスモス

①15〜25℃ ②4月上旬〜7月中旬 ③6月上旬〜10月下旬

4月からタネまきできるが夜間は保温する。遅霜の心配がなくなったら、花壇などに直まきできる。

NP-Y.Itoh

ケイトウ

①25℃前後 ②4月下旬〜5月下旬 ③8月上旬〜10月中旬

ウモウケイトウは短日性なので、8月に3〜4号鉢に20〜30粒のタネをまくと1か月ぐらいでコンパクトな姿の小さな花穂が楽しめる（多粒まき）。

NP-M.Fukuda

コスモス

①15〜20℃ ②4月上旬〜9月上旬 ③6月上旬〜11月中旬

短日性の強い晩生品種（秋咲き品種）は早まきすると草丈が高くなるので、8月以降にまく。日長の影響を受けにくい早生品種は春からまける。

NP-Y.Hiruta

コリウス

①20〜30℃ ②4月上旬〜5月下旬 ③7月上旬〜10月下旬＊＊

微細な好光性種子なので覆土はしないか、細粒のバーミキュライトでごく薄く覆土する。強い日ざしに弱いので半日陰で管理する。＊＊観賞期

NP-S.Kosuda

サルビア

①20〜25℃ ②4月下旬〜6月中旬 ③7月中旬〜11月中旬

発芽適温以外でまくと極端に発育不良となる。7〜10日ほどで発芽する。4〜5節の位置で摘心すると、分枝してこんもりした草姿になる。

NP-Y.Itoh

サンビタリア

①15〜20℃ ②3月中旬〜4月下旬 ③6月上旬〜10月下旬

覆土は細粒のバーミキュライトでごく薄くする。発芽に2週間ほどかかる。秋まきもできるが、寒さに弱いので保温して育苗すると5月から開花。

＊13ページ参照

ジニア(ヒャクニチソウ)

①20〜25℃ ②4月中旬〜7月
上旬 ③6月下旬〜10月下旬

タネは大きくてまきやすいので、
ポットや花壇に直まきするか、育
苗箱にすじまきし、5mm程度
覆土する。1週間ぐらいで発芽
する。直根性なので早めに移植。

センニチコウ

①20〜25℃ ②4月中旬〜5月
中旬 ③7月中旬〜10月中旬

自家採種したタネは綿毛を取り
除く。市販のタネは土となじん
で吸水しやすいように綿毛を取
り除いてあるので、一般的なタ
ネと同様にまく。

トレニア

①20〜25℃ ②5月上旬〜6月
下旬 ③7月上旬〜10月下旬

気温が十分に高くならないうち
にまくと発芽率や発芽のそろい
が悪くなる。好光性種子なので
覆土はしないか、細粒のバーミ
キュライトでごく薄く覆土する。

ニコチアナ

①20〜25℃ ②4月上旬〜5月
中旬 ③7月上旬〜10月下旬

好光性種子なので覆土はしない
か、細粒のバーミキュライトで
ごく薄く覆土する。7〜10日
で発芽する。秋まきもできるが
寒さに弱いので保温する。

ヒマワリ

①20〜25℃ ②4月上旬〜7月
中旬 ③7月中旬〜10月中旬

タネは大きくまきやすい。移植
を嫌うので、直まきかポットに
点まきして間引く。タネまき後1
か月半〜2か月半ぐらいで開花
する。

ビンカ(ニチニチソウ)

①25℃前後 ②4月下旬〜6月
中旬 ③7月上旬〜10月下旬

高温性なので気温が十分に上が
ってからまく。移植を嫌うので、
2号ポットに2〜3粒まいて間
引く。多湿に弱いので梅雨明け
後に定植する。

プリムラ・ポリアンサ

①15〜20℃ ②6月上旬〜7月下旬 ③3月上旬〜5月上旬

育苗期間が長いので育てるのはやや難しい。好光性種子なので覆土はしないか、細粒のバーミキュライトでごく薄く覆土する。条件がよければ多年草となる。

ベゴニア・センパフローレンス

①20〜25℃ ②3月中旬〜6月中旬 ③6月中旬〜11月下旬

微細な好光性種子なので覆土はしないか、細粒のバーミキュライトでごく薄く覆土する。2週間ほどで発芽する。ペレット種子で市販されることが多い。

ペチュニア

①20〜25℃ ②3月中旬〜5月下旬 ③6月中旬〜11月下旬

微細な好光性種子なので覆土はしないか、細粒のバーミキュライトでごく薄く覆土する。10日前後で発芽する。梅雨明け後に定植。秋まきもできる。

マツバボタン

①20〜25℃ ②4月中旬〜6月中旬 ③6月下旬〜10月上旬

こぼれダネでよく生えるが、自分でタネまきするのはやや難しい。微細な好光性種子なので覆土はしないか、細粒のバーミキュライトでごく薄く覆土する。

マリーゴールド

①15〜20℃ ②3月下旬〜5月下旬、7月上旬〜下旬（遅まき）③7月上旬〜11月中旬　10月上旬〜12月上旬（遅まき）

遅まきすれば秋に姿よく咲かせることができる。5日ほどで発芽。すぐに日なたで管理する。

メランポジウム

①20〜30℃ ②4月中旬〜5月下旬 ③6月中旬〜10月中旬

育苗箱などにすじまき、またはばらまきし、タネが隠れるように2mmほど覆土する。4〜5日で発芽する。本葉が2枚ほど出たらポットに移植する。

29

管理・作業カレンダーは103〜105ページ参照。

5mm
NP-H.Imai

アグロステンマ

①20〜25℃ ②9月中旬〜10月中旬 ③4月下旬〜6月中旬

育苗箱などにすじまき、またはばらまきし、タネが隠れるように5mmほど覆土する。春まきとして3月ごろにタネをまくことも可能。

5mm
NP-M.Fukuoh

イベリス

①17〜20℃ ②9月上旬〜10月下旬 ③3月中旬〜6月下旬

直根性で移植を嫌うので、ポットにまくか直まきする。1週間ほどで発芽する。春まきもできるが、長日植物なので低い草丈で開花する。

5mm
M.Masuda

エリシマム（チェイランサス）

①18〜22℃ ②9月上旬〜10月下旬 ③11月下旬〜5月下旬

早生品種は9月中旬までにまけば11月下旬から開花する。開花に低温が必要な種類は秋まきして株をしっかり大きく育てると春から開花する。

5mm
NP-S.Maruyama

カリフォルニアポピー（ハナビシソウ）

①15〜20℃ ②9月中旬〜11月上旬 ③4月上旬〜6月下旬

直根性で移植を嫌うので直まきする。タネは小さいが嫌光性種子なので完全に隠れるように覆土する。混み合うと花つきが悪くなったり病気が出やすくなる。

5mm
NP-Y.Itoh

カレンデュラ（キンセンカ）

①15〜20℃ ②9月上旬〜10月中旬 ③4月上旬〜6月上旬

秋まきのときは寒くなるまでに十分に根を張らせる。冬に咲かせるためには夏に日よけをした涼しい場所にまくか、秋にまいて保温する。

5mm
NP-S.Kosuda

キンギョソウ

①15〜20℃ ②9月上旬〜10月下旬（秋まき）、2月中旬〜4月中旬（春まき）③4月上旬〜6月下旬（秋まき）、6月中旬〜7月下旬（春まき）

秋まきのときは寒くなるまでに十分に根を張らせるか、霜よけして管理する。

秋まき一年草

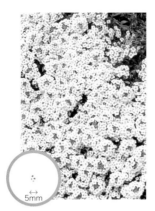

ゴデチア

①15〜20℃ ②9月中旬〜10月中旬 ③6月上旬〜7月中旬

5〜7日で発芽する。直根性のため、育苗箱から早めにポットに移植するか、2号ポットに3粒ほどまいて間引きながら育てる。

スイートアリッサム

①15〜20℃ ②9月中旬〜10月中旬（秋まき）、3月中旬〜4月下旬（春まき）③3月上旬〜6月中旬（秋まき）、5月中旬〜7月上旬（春まき）

秋まきすると11月ごろから咲き始めるが、開花の盛期は3月以降となる。

スイートピー（春咲き品種）

①15℃前後 ②10月中旬〜11月中旬 ③4月上旬〜6月上旬

硬実種子なので発芽処理されていないタネの場合は傷つけ処理（19ページ）をしてまく。直まきかポットにまき、1cmぐらい覆土する。

ストック

①20℃前後 ②8月中旬〜9月中旬 ③11月中旬〜4月中旬

早生品種は9月中旬までにまけば年内から開花する。八重咲きと一重咲きの花が半々ぐらいに出る。子葉のうちに八重鑑別（85ページ）をするとよい。

デージー

①20℃前後 ②9月中旬〜10月中旬 ③2月下旬〜6月上旬

微細な好光性種子なので覆土はしないか細粒のバーミキュライトでごく薄く覆土する。微細な種子には珍しく4日ほどで発芽する。

デルフィニウム

①15〜20℃ ②10月上旬〜下旬 ③5月上旬〜6月中旬

発芽適温が低いため、まきどきは10月となるが、冷蔵庫で早まき（89ページ）すれば4月中旬からボリュームのある姿で開花する。

ナデシコ
（テルスター系　四季咲き性）

①20℃前後 ②8月下旬〜9月下旬（秋まき）、3月下旬〜4月中旬（春まき）③5月上旬〜6月下旬（秋まき）、6月中旬〜7月下旬（春まき）夏に切り戻し→9月中旬〜11月上旬

育苗箱にすじまきして5mmぐらい覆土。5〜7日ほどで発芽。

ネメシア

①15〜20℃ ②9月下旬〜10月下旬 ③4月上旬〜6月下旬

発芽適温がやや低いので、早まきはしない。タネには薄い翼があり、水で流されやすいので注意する。細粒のバーミキュライトでごく薄く覆土する。

ネモフィラ

①18〜20℃ ②10月上旬〜11月中旬 ③3月下旬〜5月中旬

早くまくと冬までに株が大きくなりすぎて、春の開花時に株が倒れやすくなる。多肥にすると軟弱になるので春にチッ素分の多い肥料は施さない。

ハボタン

①20℃前後 ②7月下旬〜8月中旬 ③11月上旬〜3月中旬*

夏に風通しのよい半日陰でまくと3日ほどで発芽する。高温下で立枯病が出やすいので必ず清潔な用土にまく。発芽後は速やかに日なたに移す。＊観賞期

パンジー、ビオラ

①20℃前後 ②8月中旬〜9月中旬 ③11月中旬〜5月下旬

9月上〜中旬のタネまきが最も簡単だが、秋から咲かせるためには夏に冷房の効いた室内や冷蔵庫でまき、発根・発芽したら速やかに日なたに移す。

ハンネマニア

①15〜20℃ ②9月中旬〜10月中旬 ③5月上旬〜8月下旬

移植を嫌うので、3号ポットに3〜5粒まいて細粒のバーミキュライトでごく薄く覆土する。幼苗は冬に凍らないように保温して管理、春に植えつける。

秋まき一年草

5mm　NP-Y.Itoh

プリムラ・マラコイデス

①15〜20℃　②9月上旬〜下旬（秋まき）、6月上旬〜7月上旬（初夏まき）③2月中旬〜4月下旬

暑さに弱いので初夏まきの場合は風通しのよい半日陰で管理し、秋から日なたに移す。秋まきはボリュームは劣るが管理は簡単。

5mm　NP-Y.Hiruta

フロックス

①15〜20℃　②9月上旬〜10月下旬（秋まき）、3月下旬〜4月中旬（春まき）③4月中旬〜6月下旬（秋まき）、6月上旬〜7月下旬（春まき）

2〜3mm程度覆土する。夏が涼しい地方では春まきも可能。

5mm　NP-M.Nishikawa

ポピー（アイスランドポピー）

①15〜20℃　②9月中旬〜10月下旬　③3月中旬〜5月下旬

微細な好光性種子なので覆土はしないかごく薄くする。直根性で移植を嫌うので、2号ポットに5〜6粒まいて、間引きながら育苗する。

5mm　NP-I-64

ヤグルマギク

①15〜20℃　②9月上旬〜10月下旬　③3月下旬〜6月上旬

直根性で移植を嫌うので、直まきか、ポットに数粒まいて間引きし、根が回りきらないうちに移植する。タネは大きく、よく発芽する。

5mm　NP-S.Oizumi

ルピナス

①15〜20℃　②9月上旬〜10月上旬　③5月上旬〜6月上旬

タネをまく前に吸水させておく。直根性で移植を嫌うので、ポットに2〜3粒点まきして間引きながら育てるか、直まきする。肥料はチッ素分を控えめに。

5mm　NP

ロベリア

①20〜25℃　②9月上旬〜10月中旬　③4月中旬〜5月下旬

微細な好光性種子なので覆土はしないかごく薄く覆土する。発芽に2週間ほどかかるので乾かさないように注意する。本葉が3〜4枚になったら鉢上げする。

さし木

さし木のメリット

❶ 親株とまったく同じ植物が得られる

　タネでふやす場合とは異なり、さし木は親株と同じ遺伝形質が受け継がれるので、親株とまったく同じ姿、形、性質の植物が得られます。いわば分身の術（クローン）。ふやす楽しみの上級編です。同時に、芽や根が新しく更新されるので、株の若返り効果があります。

❷ タネでふやすよりも生育・開花が早い
❸ 変異部分をさして新しい植物をつくることもできる

　突然変異により生じた変異部分（斑入りなど）を見つけたら、その部分を取り分けてさせば、新しい形質の品種をつくれます。

なぜ発根する？

　花瓶に生けている切り花と同様に、切った茎にはまだ生命力があります。さし穂の切り口では、傷が治癒するときに生じる植物ホルモンの一種オーキシンが分泌されるとともに、葉や芽でつくられたオーキシンも茎の上部から下りて、さし穂の切り口でオーキシン濃度が高まります。オーキシンには発根を促進する働き*もあり、また、葉でつくられた養分も下に下りて発根を後押しします。

ポインセチアの発根状態（37ページ参照）。移植可能なぐらい伸びた。

さし木の適期

●草花
4月下旬～6月下旬、9月上旬～10月下旬
●観葉植物
4月下旬～8月下旬

　さし木は植物の生育が旺盛なときほど早く発根します。一般に、草花では4月下旬～6月下旬と9月上旬～10月下旬、観葉植物では4月下旬～8月下旬が適期です。ただし、適温が得られる環境であれば年中可能です。

成否のカギはさし穂

よいさし穂を使う

　さし木が成功するかどうかは、時期や用土などの状態だけでなく、よいさし穂の準備が重要です。すなわち、親株の生育場所や栄養状態も活着の成否に影響を及ぼします。例えば、徒長した柔らかい枝は腐りやすいので、さす前には親株をよく日光に当てて、がっちりと締まった株づくりを心がけたり、木質化した基部の茎からは発根しにくいので、緑色をした若くて充実した茎の部分を用います。さし穂には葉がついている茎を選びます。発根に必要な養分として、光合成によってつくられる炭水化物を供給するための葉が必要だからです。ただし、根のないさし穂が切り口から吸収する水分量と葉から蒸散で逃げる水分量のバランスを保つために葉を適当な大きさに切って調整します。

　＊市販されている発根促進剤には、オーキシンが含まれているため、さし穂の切り口につけると、さし木の成功率が高まる。

さし木の種類

どの部分をさすか

●茎ざし：先端の芽やわき芽のある茎を適当な長さに切り取って、土や水などにさす方法。切り口付近から根が出るとともに、もともとある芽も伸びる。

●葉ざし：1枚の葉や葉の一部を切り取って用土にさす方法。

●根ざし：根を切り分けてさす方法。根の上下を間違えずに用土に縦にさすか、横に寝せて（根伏せ）覆土する。

※葉や根には茎と異なり定芽がないため、新しく芽（不定芽という）を発生させる必要がある。その能力があるかどうかは植物によって決まるため、葉ざしや根ざしができる植物は限定される。
なお、葉ざしで発生した芽は茎ざしの芽よりも若く、旺盛に生育する。また、根ざしは根そのものをさすので、茎ざしでは発根しにくい植物でも容易に活着するメリットがある。葉ざしや根ざしは、茎ざしよりもより大量に植物をふやしたいときに便利。

さし木の種類と主な適応植物

茎ざし	●アジサイやツバキなどの木本植物 ●キクやゼラニウムなどの草本植物
葉ざし	●アジュガ ●カランコエ ●根茎性ベゴニア ●サンセベリア ●ストレプトカーパス ●セントポーリア ●ムシトリスミレ ●モウセンゴケ ●ユーコミス ●ラケナリアなどの主に草本植物
根ざし	●アカンサス ●オニゲシ ●シュウメイギク ●スミレ ●ノウゼンカズラ ●モウセンゴケ ●ルリタマアザミなど

さし木の前に準備するもの

❶ 用土

通気性と排水性、保水性に富み、清潔で肥料を含まないものが適しています。例えば、砂、赤玉土、鹿沼土、バーミキュライト、パーライト、水ゴケなどの単用もしくは配合土です。発根しやすい種類であれば、鉢上げ後の栽培用土に近い、ピートモスやヤシ殻チップなどの有機物を含む配合土を用いることもできます。そうすると鉢上げ後もスムーズに根が動きます。

用土が決まったら育苗箱やポットなど（さし床）に入れ、表面を平らにならしたのち、さし床の底からみじんが流れ出るように十分に水やりをしておきます。

❷ ナイフ、ハサミなど

さし穂を切るときは切り口がつぶれないように鋭利な刃物を用います。また、刃物類は清潔なものを用います。汚れた状態のナイフやハサミには細菌やウイルスなどが付着していることも考えられます。清潔にし、消毒液などで殺菌すると万全です。

ハサミやナイフは、使うたびにきれいに汚れを落とし、できれば消毒液で消毒する。写真はウイルス感染などを抑えるため、第三リン酸ナトリウム3％溶液で消毒中。刃先を火であぶって消毒することもできる。

成功させるコツは？

❶ さし穂の調整

　草花類では茎を長さ4〜8cmに切ります。茎が堅い種類の場合は斜めに切り、柔らかい種類の場合は水平に切ります。葉は用土に埋める部分は取り除き、残す葉は、吸水と蒸散のバランスを保つために先端部の2〜3枚とし、さらに葉を適当な大きさに切り詰めます。葉が大きいと蒸散してしおれやすく、小さすぎると葉でつくる養分が少ないために発根が遅れます。

　さし穂をとる前には親株に十分水を与えて、さし穂に水分が満ちているようにします。さし穂は1〜2時間水あげしてからさします。

❷ さし方

　堅い茎はさし床に直接させますが、柔らかい茎は直接さすと切り口を傷め、活着率を低下させます。そこで、さし穂よりもやや太い棒を使って穴をあけてからさします。片手でさし穂を持ち、もう一方の手でさし穂のまわりから土を寄せるようにして押さえます。さす深さは茎の長さによって異なりますが、さし穂が安定する深さにします。

❸ 管理〜空中湿度を高くする

　さし穂を活着させるには、さし穂の蒸散を抑えることがポイント。梅雨時期の成功率が高くなるのは空中湿度が高いためです。そのほかの時期であれば、空中湿度を高め、強い風が当たらないようにし、遮光します。特にさし木後数日間は、明るい日陰に置き、霧吹きで葉水を与え、空中湿度を高めましょう。さし床をポリ袋で覆って密閉したり、ふたつきのコップ内で管理したりするのもおすすめ。さし床に過剰な水やりをして常に湿らせておくのは用土の通気性が悪いのでNGです。

茎ざし

茎の部分を使う　　例：ポインセチア

　ポインセチアの茎の部分をさします。今年伸びた枝で、やや固まりかけた部分を使うようにします。伸びてまもない柔らかい枝や先端の柔らかい部分は適しません。ポインセチアはトウダイグサ科ユーフォルビア属で、この仲間は茎を切ると白い乳液が出ます。さし穂の採取の際、乳液を洗い流します。なお、皮膚につくとかぶれる場合があるので注意します。

用意するもの

さし穂（茎）、5号平鉢に鹿沼土小粒（単用）のさし床、ハサミ

Step

1

さし穂にする枝を切って用意する。

切り口から乳液が出ている。

そのままさすと乳液が固まって切り口をふさぎ、吸水が妨げられるので、切り口を水洗いする。

Step

2

節の下約5mm下の位置で切り、上に葉が1〜4枚つくようにする。下の節を残すのはこの位置から発根しやすいため。土に埋める節の葉は取り除き、上位の大きな葉は半分くらいに切る。

└─5mm

Step

3

1〜2時間程度水あげする。

Step

4

茎が柔らかいので割りばしぐらいの太さの棒で穴をあけ、穴にさし穂をさし、さし穂の根元を押さえて用土を密着させる。

明るい日陰で管理すると、約4〜6週間で発根する（34ページ参照）ので、3号ポットに鉢上げする。

茎ざしから約3か月後。分枝を促すために摘心してある。

Point

発根促進剤を切り口につけると成功率が上がる

発根が困難な種類は、市販の発根促進剤（植物ホルモン剤）を利用する（さし穂の切り口に薄くつける）とよく発根する。

葉ざし

葉全体を、葉柄を少しつけてさす

例：セントポーリア

窓辺のセントポーリア。室内の照明下でも育てられる。

用意するもの

さし穂（葉）、2.5号ポットにパーライト（単用）のさし床、カッターナイフ、ピンセット

Step

1

葉柄を0.5〜1cmつけて切り取る。

Step

2

水を与えたさし床の中央にピンセットなどでさし穴をあける。

Step

3

穴に葉の基部が隠れるぐらいにしっかりさす。再び水を与えておく。

作業後は直射日光の当たらない明るい日陰で管理。パーライトはよく乾くので底面給水にしてもよい。

約3週間で発根が始まり、1〜2か月で芽が出て葉が展開する。

Y.Shimada

葉片をさす（葉を切り分けてさす方法）

例：ストレプトカーパス

ストレプトカーパス。強光線を嫌うので室内で楽しむ。

用意するもの

さし穂（葉）、パーライト（単用）または市販のさし木用土のさし床（育苗箱またはポット）、カッターナイフ

Step

1

葉を5〜7cm長さに切り分ける。葉の先端側が必ず上になるようにさす。

├─5〜7cm

Step

2

さし床にさし穂（葉）を1〜2cmさし、根元を押さえて固定する。水を与え、日陰で管理する。

Y.Shimada

発根後、市販の草花用培養土を用いて鉢に移植した。1〜2か月で芽が出て葉が大きくなり始めた。

Point

葉ざしができる球根植物

　ユーコミス、シラー、オーニソガラム、ラケナリア、グロキシニアなど、球根植物のなかには、葉ざしができる種類がある。葉ざしで小球根ができたら、秋や春に育苗箱や鉢に植えつけ、肥培管理する。開花サイズの球根になるには数年かかるが、たくさんふやしたいときに便利。

根ざし（根伏せ）

根を切り取り、さし木用土などにさす（伏せる）

例：トリアシスミレ

繊細な表情のトリアシスミレ。

用意するもの

さし穂（根）、バーミキュライト細粒のさし床（3〜4号ポット）、カッターナイフ、ピンセット

Step

1

鉢から抜いて土を落とし、根を切らないように洗う。

Step

2

カッターナイフで根を長さ3cmに切り分ける。

Step

3

水を与えたさし床に根が入る穴を支柱などであけ、根の先端側を下にしてピンセットで軽く挟み、穴にさし入れる。

Step

4

5〜6mm覆土し、日陰の軒下で管理する。

約3か月後に芽が出た。

＊切った根を横に並べて覆土する根伏せも可能。

とりまき

時間がたつと発芽しにくくなる種類に向く

　タネが成熟したら、保存しないで速やかにまく方法を「とりまき」といいます。タネの寿命が短いものや、成熟した直後のタネであれば発芽するが、時間がたつと発芽しにくくなる多くの木本類や山野草などで行われます。

　発芽しにくくなる原因は植物によってさまざまで、乾燥により発芽力が衰えるものや、タネの休眠が成熟後に深まっていくもの、種皮が堅くなるために物理的に発芽しにくくなるものなどがあります。

　ネリネやリコリス、ツバキなどは、タネが成熟したときにはすでに内部で何枚かの葉をつくっていて、乾燥させると芽が死んでしまうため、とりまきします。また、スミレはタネが完熟すると周囲に飛び散り、集められなくなってしまいますし、種皮が堅くなって発芽しにくくなるので、やや未熟なうちにタネをとってきます。

　とりまきが向く植物の場合、すぐにタネをまかないときは、クリスマスローズのタネの土中保存のように（64ページ参照）、湿った土に埋めておくか、湿気を含んだポリ袋に入れて、冷暗所で秋まで貯蔵しておきます。

とりまきが向く種類

　キンポウゲ科のアネモネ類、クリスマスローズ、オキナグサ、キンバイソウ、セリ科のアストランティア、エリンジウムなど。

オキナグサの仲間

アストランティア

エリンジウム

株分け

株分けのメリット

宿根草の確実なふやし方。
ふやすと同時に株のリフレッシュ

　株分けは、株をいくつかに分割することで、宿根草の最も確実なふやし方です。

　宿根草は株が何年も生き続け、植えっぱなしでも毎年同じ時期に花が咲きます。しかし、長年植えたままにしておくとふえすぎてほかの植物のエリアを侵食してしまったり、逆に徐々に生育が衰え、花つきが悪くなったりします。そこで、数年に1回、株を掘り起こし、株を分割して整理し、リフレッシュさせます。

株分けの適期

夏〜秋咲き種は春、春咲き種は秋

　多くの宿根草は、生育と休眠を繰り返します。休眠期であれば株を大胆に割る大手術を行っても体力を消耗しにくいため、株分けは新芽が動きだす直前か、休眠期に入るころが適期です。

　一般に、夏から秋にかけて開花する宿根草は春に株分けします。ギボウシや宿根アスターなど、落葉性の種類は春の新芽が動きだす前後の2月下旬〜3月下旬に。ガーベラやビデンス（ウィンターコスモス）など常緑性の種類は落葉性よりも寒さにやや弱く、また新芽や新根が動きだすのが遅いので、4月になってから行います。一方、シャクヤクやスズランなど春に開花する宿根草は9月下旬〜11月が株分けの適期です。秋は気温が日ごとに低下するの

で、寒さがくる前に根を張らせるように適期を逃さないで行いましょう。霜柱で株が持ち上げられるおそれのある真冬の株分けは避けます。

　植物の種類により、生育の早さや株のふえ方が異なるので、株分けのタイミングや株分けの方法は植物に合わせて行います。

長年放置し、株の中心が枯れ、周囲の若い芽だけが元気なクリスマスローズ。

株分け方法は
株のふえ方で異なる

　植物の種類により株のふえ方が異なるので、株の分け方も異なります。株分けの前に、株のふえ方を知りましょう。

　株のふえ方には4タイプがあります。

A 株立ちになる
親株の周囲に新芽がふえる。

B 地下茎を伸ばす
地下茎で周囲に広がる。

C ほふく茎を伸ばす
地表面を這う茎で周囲に広がる。

D ランナーやストロンで広がる
側枝の先端や節から子株を出して根を下ろす。

株のふえ方　4タイプ

Type A　株立ちになる

株元からごく短い地下茎を伸ばしてその先に新芽をつけ、株立ち状になる。

例：クリスマスローズ

親株の周囲に
新芽がふえ、
株が密生する

Type B　地下茎を伸ばす

地中に地下茎を伸ばしてその節々から芽（子株）と根を発生させる。

例：キク

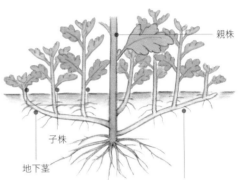

親株

子株

地下茎

親株から地下茎が伸び、
その地下茎から
子株が発生し、
周囲に広がる

Type C　ほふく茎を伸ばす

茎（ほふく茎）が地表面を這うように伸び、その節々から根を下ろす。節間がちぎれると独立した植物体になる。

例：ヒメツルソバ

ほふく茎
（地表を這い、節から
根を下ろす茎）

Type D　ランナーやストロンで広がる

株の基部の節からランナー（走出枝）やストロン（ほふく枝）が出て這うように伸び、先端や節から子株を出し、根を下ろす。

例：ユキノシタ

ランナー
（水平に地表を這うように伸び、
先端に子株を発生させる枝）

A 株立ちになるタイプ

株を割る

　堅い塊になる根茎はハサミなどで切り離します。翌年の花つきを考え、なるべく大きく分けるのがコツ。最低3〜5芽つけます。

例：クリスマスローズ

株立ちで多くの花をつけるが長年植えたままにすると株が衰える。

Step **1**　ショベルなどで株を掘り上げる。

Step **2**　土をよく落とす。およそ20芽が塊になっている。

Step **3**　クリスマスローズは芽数がふえるのに時間がかかるので大きく2つに切り分ける。

2つに分けた。根を乾かさないようにすぐに植えつける。芽が埋まらないように植えつけ、水をたっぷり与える。

地下茎または子株を分割する

地下茎を切り離すタイプ

例：ミント

ハーブのミント類やモナルダ、スズランなどは周囲に広がり、ほかの植物を弱らせる場合があります。株元に新芽をつくるほか、地下茎を伸ばしてその節々から芽を伸ばします。生育旺盛な種類が多く、こまめに株分けしないと繁茂しすぎることがあります。親株から遠く伸びた先の新芽のほうが若くて生育旺盛なので、親株近くの小さな芽は使わず、若い芽を掘り取ります。

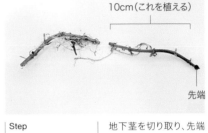

10cm（これを植える）

先端

Step **2**
地下茎を切り取り、先端10cmぐらいを切り分ける。

Step **1**
鉢植えのミントの株元から伸びた地下茎。

切り取った地下茎の先端部分を軽く埋め込むように植えつける。ミントは生育旺盛なので鉢植えの場合は1本でよい。たっぷりと水やりし、風通しのよい日なたで管理する。

子株を切り離すタイプ

例：ホタルブクロ

ホタルブクロ（カンパニュラ）の仲間やシュウメイギクなど、地下茎で周囲に広がり、株数がふえていく植物も少なくありません。気がついたらこんなところにふえていた、そんなことはありませんか。このタイプは子株がある程度大きくなったら、地下茎を切り、子株を1株ずつに切り離します。

C ほふく茎を伸ばすタイプ

ほふく茎を切り離す

　地表に細いほふく茎を伸ばし、節々から芽を出します。発根しているほふく茎を10cm程度切り離してふやします。

例:リシマキア・ヌンムラリア

リシマキア・ヌンムラリア。マット状に広がり、初夏に星形の花を節々に咲かせる。

発根しているほふく茎を掘り取り、10cm程度に切り離す。発根部が隠れるように浅く植えつけ、たっぷり水やりをする。発根していないほふく茎もさし芽の要領で簡単に発根する。

Point

こんな場合はどうする?①

NP·S.Oizumi

ひと塊の大きな根〜キキョウ

　肥大した根の上部に新芽をつくり、ごく太い根が何本もついているキキョウは堅くて分けにくいので、ナイフや包丁を用いて切り分ける。なお、切断面がなるべく小さくなる部分を選んで切り分けるとよい。切り分けたら、切断面をよく乾かしてから、またはペースト状の殺菌剤を塗るか殺菌剤の薬液につけてから植えつける。シャクヤクやケマンソウなども同様。

根切りナイフなどで2つに切り分ける。

切り分けたら切り口を十分乾かす。

子株を切り離す

子株がある程度大きくなったら（本葉が4〜5枚が理想的）、ランナーやストロンを切り、子株を分けてふやします。

例：アジュガ

アジュガ・レプタンスの園芸品種。子株がふえて重なり合っている。分けないと下になった株が蒸れて枯れる。

子株を切り離す。このあと庭や鉢に植えつけ、たっぷりと水やりをして根づかせる。

Point

こんな場合はどうする？②

NP-T.Kamibayashi

固まった根株〜ワイルドオーツ

多くの芽が塊状になって根も多く、堅くてハサミや手で株が割れない種類は根切りナイフで切る。

ナイフなどで2つに切り分ける。

こんな場合はどうする？③

NP-T.Maki

偽球茎がつながったシラン

シランは肥大する偽球茎（球茎）が年々ふえていく。新芽に古い偽球茎を3個程度つけて切り離す。

シランは、新芽に古い偽球茎を3個ぐらいつけて分ける（右）。大株の場合は大きく2〜3分割してもよい。

株分けでふやす主な宿根草

株立ちになる種類

アガパンサス

適期／春と秋の彼岸ごろ、なるべく春がよい

耐寒性がやや弱い常緑種は秋よりも春に分けるとよい。3〜5芽以上つけて株を割る。なるべく根を折らないようにていねいに分ける。

アスチルベ

適期／10月下旬〜3月中旬の休眠中（厳冬期は避ける）

作業が春遅くになるとその年は花茎が伸びず、低い草丈で開花するので、3月中旬までに済ませるとよい。3〜5芽以上つけて株を割る。

ギボウシ

適期／春と秋の彼岸ごろ、もしくは休眠中（厳冬期は避ける）

3〜5芽以上つけて株を割る。太くて元気のよい根をできるだけ残し、分けたら根を乾かさず、すぐに植えつける。タネをまいてふやすこともできる。

シャクヤク

適期／9月上旬〜10月中旬

太い根が絡み合うが、3〜5芽以上つけて株を割る。根茎部が堅いのでハサミで切れ込みを入れ、手で引き離しながら株を割る。86ページで紹介。

宿根アスター

適期／春の彼岸ごろ

冬の間に株元に生じた子株を3〜5芽以上つけて株を割る。初夏に切り戻しをし、切り取った茎を使って、さし木でふやすことも容易。

ヘメロカリス

適期／10月上旬〜11月下旬、3月上旬〜4月下旬

あまり小さく分けると見た目が貧弱になるので、株が大きければ5芽以上つけて分ける。強健で1〜2芽でもよく育つ。

＊Aタイプの株分けのタイミング：鉢植えは2〜3年に1回、庭植えは株が混み合い、花が咲きにくくなったら分ける。

カンパニュラ

適期／9月中旬〜11月中旬、3月

3〜5芽をつけて分ける。暑さに弱いモモバギキョウは株分けで子株をつくって夏越しさせるとよい。ホタルブクロ（写真）は、地下茎が遠く離れた場所まで伸びるので、先端の子株を掘り上げる。

キク

適期／3月中旬〜4月上旬

冬に地下茎からロゼット状の冬至芽が出るので、春に株を掘り上げ、根のついた冬至芽を1本ずつ分ける。株元近くの芽よりも離れたところまで伸びている先端の芽を選ぶとよい。

宿根サルビア

適期は4月上旬〜中旬、9月中旬〜10月中旬

耐寒性が強いオニサルビアなどは秋、耐寒性がやや弱いレウカンサ種（写真）などは4月上旬〜中旬が適期。低木性のミクロフィラ種などはさし木でふやす。

モナルダ・ディディマ（タイマツバナ）

適期／3月上旬〜4月下旬、9月上旬〜11月下旬

庭植え株は2〜3年に1回、鉢植え株は1〜2年に1回を目安に、若い地下茎を切り取って植え替える。

ユーパトリウム

適期／3月上旬〜4月中旬、9月下旬〜11月上旬

庭植え株は2〜3年に1回、鉢植え株は毎年、株を掘り上げ、3〜5芽をひと塊にして切り分ける。写真は青色フジバカマ（流通名）。

リシマキア・キリアタ'ファイヤークラッカー'

適期／3月下旬〜5月中旬

株を掘り上げ、1本の子株に根をできるだけ多くつけて切り分ける。生育旺盛で地下茎を伸ばして広域に広がるため、2年に1回を目安に株分けし、植え替える。

株分けでふやす主な宿根草

Type C ほふく茎を伸ばす種類

グレコマ*

適期／夏と真冬以外

地表面を這って発根しているほ
ふく茎を7～10cmに切り、植え
つける。リシマキア・ヌンムラリア
（46ページ）と同様。

シバザクラ

適期／秋

地表面を這って発根しているほ
ふく茎を7～10cmに切り、植え
つける。長年植えっぱなしにして
いると株元のほうから枯れ上が
るので更新する。さし芽も可能。

リシマキア・
コンゲスティフローラ
'ミッドナイト・サン'*

適期／4月上旬～5月中旬

地表面を這って発根しているほ
ふく茎を7～10cmに切り、植え
つける。リシマキア・ヌンムラリア
（46ページ）と同様。

Type D ランナーやストロンで広がる種類

ワイルドストロベリー

適期／春または秋

ランナーから出ている子株を切
り取り、植えつける。ランナーを
伸ばさない品種は、タイプAと同
様の方法で株分けする。

ユキノシタ

適期／夏と真冬以外の生育期

ランナーから出ている子株を切
り取り、植えつける。方法はアジ
ュガ（47ページ）と同じ。

ラナンキュラス・レペンス
'ゴールド・コイン'

適期／3月上旬～4月上旬、10月
上旬～11月上旬。最適期は秋。

ランナーから出ている子株を切
り取り、植えつける。方法はアジ
ュガ（47ページ）と同じ。

＊グレコマ、リシマキアは生育旺盛で広域に広がるが、次第に株の中心部の生育が衰え、元の株元が枯れてく
るので、同じ場所で育てたい場合は2～3年程度で株分けして植え直す。

Chapter 2

12か月栽培ナビ

各月の園芸作業の実際と主な作業、
管理をわかりやすく紹介します。
月ごとに、こんな作業もできる、
そんなワンランク上のテクニックも
取り上げています。

タネまき・さし木・株分けの年間の管理・作業カレンダー

		1月	2月	3月	4月	5月
タネまき	春まき一年草（温帯性）			（3月中旬までは育苗器などを利用） ●----------→●————————————		
	春まき一年草（熱帯性）				（4月下旬までは保温） ●--→●————	
	秋まき一年草					
さし木（茎ざし）	温帯植物				●▸●————————	
	熱帯植物				●————————	
株分け	春咲き宿根草					
	夏～秋咲き宿根草			●——————————→●▸		

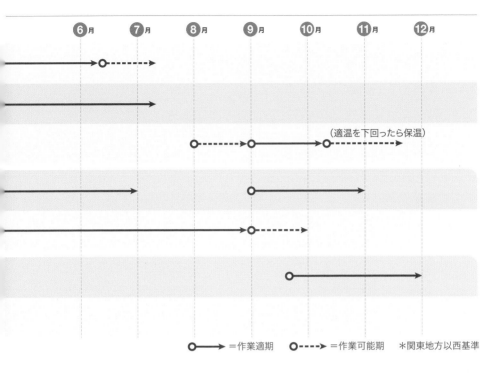

| | 6月 | 7月 | 8月 | 9月 | 10月 | 11月 | 12月 |

（適温を下回ったら保温）

○──────▶ ＝作業適期　　○┄┄┄▶ ＝作業可能期　　＊関東地方以西基準

1・2月

January·February

今月の花仕事

　1年で寒さが最も厳しい時期です。寒さに弱い種類や根がまだよく張っていない株は、霜柱で株が浮き上がったり、傷んだりしないように霜よけや株元への土寄せ、マルチングを施します。

　冬咲きのクリスマスローズなど常緑性の種類を除き、宿根草は休眠中です。秋まき一年草は草丈が伸びずに分枝を続けています。サクラソウなど春に開花する宿根草やシャクヤク、秋植え球根の多くは、花芽をもった状態で冬を越すので、掘り上げたり、乾かしすぎたりすると花芽を傷めます。

　厳寒期は戸外での植え替えや株分け、さし木などの作業はできませんが、暖かい室内であれば日光をさほど必要としないベゴニアやセントポーリアの葉ざしが可能です。2月下旬になると日ざしが徐々に強まり、寒さに強い宿根草の植えつけや植え替えが可能になります。

主な作業と管理

秋まき一年草の遅まき、春まき一年草の早まき

暖かい室内の窓辺や発芽育苗器を利用／発芽適温が15〜20℃と比較的低く、育苗期間が短いネモフィラやスイートアリッサムなどの秋まき一年草では、ヒーターとサーモスタットが内蔵された家庭用発芽育苗器を利用したり、暖かい窓辺やフレームを利用したりすれば2月からタネまきが可能です。3月に戸外に植えつければ5月には花が咲きますが、タネまきが遅くなるほど株が小さい状態で咲くので、やや密植してボリュームを補うとよいでしょう。

　発芽適温が比較的低く育苗期間がやや長いアスターやイソトマ、夏の暑さに弱いナスタチウムなどの春まき一年草は、早めに苗をつくって春に植えつければ、より長い間花が楽しめます。

　いずれも発芽後は徒長しやすいので、できるだけ日によく当て、よく換気します。水やりは発芽がそろうまでは水切れさせないようにし、その後は夕方には乾く程度の

手軽に使える家庭用発芽育苗器。

少量の水を回数多く与えると、丈夫な根を張らせることができます。

防寒

不織布やホットキャップ利用／休眠中は耐寒性があっても、2月下旬に伸び始める新芽は寒害を受けやすいものです。天気予報に気をつけ、必要に応じて、ホットキャップ*や不織布をかぶせます（94ページ参照）。

サクラソウの芽分け（株分け）

サクラソウの芽分けは2月が適期です。鉢から芽を掘り上げ、用土をすべて落として水洗いします。黒ずんだ古い地下茎は捨て、小さな芽から順に手で引っ張るように外していくとうまく分けられます。前年の1芽から少なくとも2芽、多いものは5芽ぐらいにふえているはずです。大きな芽ほど花が咲きやすいので、大きな芽を3～5芽選んで5号鉢に植え、1～2cm程度の覆土をします。なお、花後に増し土をするスペースを確保するため、表土の位置は鉢の3分の2ぐらいになるようにします。

植えつけ直後は土が軟らかく、根も張っていないので、霜柱で芽が鉢土の表面に浮き出て根が乾燥してしまわないように、霜よけをして管理します。

鉢から取り出したサクラソウの芽。土を落とし、水洗いする。

ふくらんだ芽（左）が花芽、細い芽が葉芽（右）。

暖地なら株分けができる夏～秋咲き宿根草

強い霜の降りない暖地であれば2月中旬から、そのほかの地域でも2月下旬から、夏～秋咲き宿根草の株分けが可能になります。主に地上部がなく地中の芽で冬越しする種類は寒さに強く、休眠中はじっとしているため、株への負担が少なくてすみます。地表面でロゼット状になって冬越しする種類や常緑種などの地上部がある種類は、それに比べると寒さに弱いので、株分けは3月に入ってから行いましょう。なお、株分けしたばかりの株には、不織布などをかけて霜よけを施しておくと安心です。

地中に芽のあるギボウシは2月に分けても生育に影響がない。3～5芽をつけて分ける。写真は晩秋に撮影。

＊苗を寒さから守るためのポリエチレン製キャップ。苗にかぶせて使う。

3月

March

今月の花仕事

　中旬も過ぎ、寒さが和らいで日ざしが強くなると、休眠していた宿根草の新芽が伸び出し、生育を始めます。宿根草はつい放任しがちですが、3〜5年以上植えたままにしておくと、株の中心部の生育が悪くなる、花数が減る、地下茎が広がりすぎて周囲の植物の生育を阻害することがあります。

　昨年の状態を振り返り、植え替えや株分け（42ページ参照）を行います。新芽や新根の成長が始まるころに作業を行うと株を傷めず、かつ早く根づいてその後の成長もスムーズになります。植えつけ後はたっぷりと水を与えます。

　茎ざしの適期にはやや早いですが、根ざしなら可能なので、植え替え時に根を準備し、さしてみましょう。

　春まき一年草のタネまきシーズンも始まります。一部の春植え球根の植えつけも可能です（59ページ参照）。

主な作業と管理

宿根草の株分け

夏〜秋咲き宿根草／2月に準じます（55ページ参照）。

　株分けしたばかりの株には霜よけを施しておくと安心です。

3月に分けられる主な宿根草の種類／アカンサス、ゲラニウム、宿根アスター、フロックス、ヘメロカリス、ヘリオプシス、モナルダ、スイレン、ハスなど。

タネまき

高温多湿を嫌う春まき一年草／ペチュニアやミムラス、ナスタチウムのような梅雨時期や高温期が苦手な草花は早くタネをまいて、梅雨時期までに花を咲かせるのも一つの方法です（まき方は18ページ参照）。

　まいたタネは土の中（または表面）にあり、また発芽よりも先に発根するので、気温よりも地温を高めるのが効果的です。発泡スチロール箱に入れて暖かい居間のテーブルの上など高いところに置いたり、家庭用発芽育苗器を利用しましょう。

　発芽したら徒長しないよう、速やかに日によく当てます。戸外に植えつけた場合、遅霜の心配があるときには、底を切ったペットボトルを幼苗にかぶせておくと防寒になります。日中はふたを開けて換気し、夜にはふたを軽くのせておきます。

根ざし（根伏せ）

株分け時に根を切り分ける／アカンサスなど根から不定芽を出す植物で、根ざし（根伏せ）ができます（40ページ参照）。

ヒメイワダレソウの株分け

　地上にほふく茎を伸ばすローマンカモミールや、細い地下茎から小さな新芽がたくさん出るギンパイソウ、オトメギキョウ、ヒメイワダレソウ、プラティアなどはマット状によく広がります。このような種類は1本ずつばらばらにせず、直径10〜20cmぐらいの塊に分けます。根が浅い場合は、茎や株が浮かないように、上から土をかけて芽の間を埋めるように土をなじませると活着しやすくなります。

Step

1

ヒメイワダレソウを塊で掘り上げる。

Step

2

新たな植えつけ場所に株を置く。

Step

3

上から芽と芽の間に土をかけてなじませる。

やってみよう

皇帝ダリアの茎ざし

　晩秋、地上部が枯れる前に、茎をノコギリで切り倒します。元気のよい茎を選び、邪魔にならない長さに切って、新聞紙などに包み、凍らない場所で保管します。葉のない太い茎には一見芽があるようには見えませんが、葉柄が落ちた節の上に芽が潜んでいます。暖かい室内で茎ざしすれば芽と根が出てきますが、外気温が低いうちは戸外に定植できないので、冬の間は長い茎のまま保存し、3月になってから茎ざしをします。1〜2節をつけて茎を長さ10cmほどに切り、湿らせた水ゴケまたは培養土にさします。芽が出てくるまでは過湿にせず、わずかに湿っている程度に保ちます。

さし穂。節の上2〜3cm、節の下7〜8cmに切る。

上下を間違えず、節の下のさし穂（茎）のまわりに湿らせた水ゴケを巻き、3号ポットに詰める。

4月

April

今月の花仕事

　春本番。宿根草は旺盛に芽を伸ばし、常緑種も新葉が展開して古い葉と入れ代わります。秋に植えつけた一年草は次々と開花し、花壇はにぎやかさを増していきます。茎葉の数がふえると根は活発に水分を吸収するので、晴天が続き、乾燥する場合には水やりを忘れないようにしましょう。遅霜の心配がなくなったら、防寒用資材を外します。多くの宿根草で植えつけ、植え替え、株分けの適期です。

　気温が日に日に上昇する春は、一年草のタネからの成長もスムーズです。タネから育てると市販苗よりも開花期が遅くなるので、市販苗が傷んだころに交換して植えつけることができます。

　パンジー、ビオラなど冬から咲き続けてきた一年草が、4月下旬になり、そろそろ終わりを迎え始めたら、花がらを残してタネをとってみましょう。

今月の主な作業 ≫

主な作業と管理

宿根草の株分け

夏～秋咲き宿根草／今月も引き続き、株分けができます（3月に準じる）が、春咲きの宿根草は花や蕾を傷めるので行いません。

タネまき

高温発芽性の種類は5月に／多くの植物のタネまきができますが、高温発芽性のアサガオ、ヨルガオ、フウセンカズラなどのつる性植物をはじめ、観賞用トウガラシやケイトウなどは、地温が十分に温まる5月まで待ちましょう。早くまきたいときは、ビニールトンネルやホットキャップなどで保温します。

Point

春に分けたい
主な宿根草リスト
（秋に分けられる種類も含む）

アガパンサス、アスチルベ、エキナセア、ガイラルディア、ガウラ、キク、ギボウシ、ゲラニウム、コレオプシス、シュウメイギク、宿根アスター、シレネ、セントーレア、ツキミソウ（エノテラ）、ハナトラノオ、フロックス、ヘメロカリス、ヘリオプシス、ヘレニウム、ベロニカ、ミント、ムラサキツユクサ、モナルダ、リグラリア、リンドウ、ロベリアなど。

春植え球根の植えつけ

多くの種類が植えつけ可能／秋に掘り上げて保管していた球根を取り出し、まだ球根を分けていないものは芽を確認して分けます。球根のふやし方については82ページでも紹介。

春植え球根の植えつけ適期&ふやし方

●**アマリリス(ヒッペアストラム)：**
3月上旬〜4月下旬、ふえにくい

●**カラー(畑地性)：**3月中旬〜5月中旬、分球

●**カンナ：**4月中旬〜5月下旬、分球(分割)

●**球根ベゴニア：**3月上旬〜4月下旬、ふえない

●**キルタンサス・マッケニーなど：**3月中旬〜4月中旬、掘り上げ時に分球

●**グラジオラス：**3月中旬〜5月下旬(ずらして植えると開花期もずれる)、分球は掘り上げ後、貯蔵する際に自然に分かれる

●**グロリオサ：**4月中旬〜5月下旬、分球(分割)

●**サンダーソニア：**3月中旬〜5月下旬、分球(分割)

●**ジンジャー(ヘデキウム)：**3月中旬〜5月下旬、分球

●**ダリア：**3月下旬〜7月中旬、植えつけ時に分球

●**ユーコミス：**3月下旬〜5月下旬、自然によくふえる

グロリオサの芽はV字形になった左右の先端にあるので、2つに分球できる。

ダリアの球根は、古い茎のつけ根の部分(クラウン)に芽があるので、芽がつくように分ける。

クラウンをつけて分けた。

M.Usuda

ミヤコワスレの茎ざし

　花後の株分けが一般的ですが、春に伸びた若い茎を使って茎ざしすることもできます。図の要領でさし、発根するまで乾かしすぎないように注意し、明るい日陰で管理すると1か月ほどで鉢上げできます。

Step 1

2〜3節つけて切る。

Step 2

下葉を落とし、葉が大きければ半分に切る。

Step 3

平鉢などに市販のさし木用土を使ってさす。

5月

May

今月の花仕事

多くの宿根草が旺盛に生育し、開花する種類もあります。乾燥に弱いシュウメイギクやアスチルベなどは、水切れを起こすと葉が傷んで元に戻らなくなるので、庭植えでも土が乾いたら水やりを行います。そのほか、植えつけたばかりの苗も根づくまでは、水切れを起こさせないように注意します。水やりの回数が多くなると肥料分も流失しやすくなるので、特に鉢植えでは肥料切れを起こさせないように、置き肥や液体肥料を定期的に施します。

冬から開花していたエリシマム、パンジーやビオラ、デージーなどの一年草は、5月上旬には終わりを迎えるので、初夏の草花と入れ替えます。秋植え球根も開花を終え、葉が黄変し始める種類があります。葉が枯れたら天気のよい日を選んで掘り上げます。なお、乾燥を嫌うスノードロップやバイモなどは掘り上げません。

主な作業と管理

タネまき

春まき一年草や宿根草／タネまきの適期です。特に、アサガオなどのつる性植物やワタ、ケイトウなど熱帯原産の一年草のタネまきができるようになります。また、開花までに1年かかるプリムラ類やジギタリス、カンパニュラなどの宿根草、ルナリアのような二年草も今月タネをまきましょう。

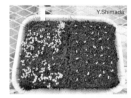

Y.Shimada

細粒のジギタリスのタネはピート板にまくとよい。ピート板の半分にまき、発芽した幼苗(タネまき10日後)を残りの半分に移植した。

さし木

ゼラニウムや多肉植物のさし木の適期／植物が旺盛に生育する季節はさし木の適期です。多くの種類で行えますが、特に乾燥を好むゼラニウムやカランコエなどの多肉植物では、梅雨入りまでの5月中にさし木をすると腐りにくくよく発根します。

ゼラニウムの茎ざし。降雨が続き湿度が高い時期は、切り口を乾かしてからさすとよい(72ページ参照)。

花がら摘み、タネとり

タネをつけさせないように早めに摘む／
チューリップやスイセンなどの球根植物
は、花首のすぐ下で花がらを摘み取りま
す。パンジー、ビオラなどの秋まき一年草
の花がらは、花柄のつけ根から摘み取りま
す。花がら摘みは受粉して子房に養分を
取られないようにするために行うものです
が、タネをとりたい場合は終盤の花を残し
ましょう。タネのとり方は78ページ参照。

摘心

高性宿根草や一年草／夏から秋に咲く草
丈の高い宿根草で枝数をふやしたい場合
や、草丈を低くして咲かせたい場合は、先
端の芽を摘む摘心を行います。一年草も
摘心をすれば、草丈を低く、こんもりと茂ら
せて咲かせることができます。

ケイトウ。摘心前の
株。

先端の芽を摘み取
った。摘んだ下の節
の葉のつけ根から
2本の芽が伸びる。

やってみよう

ハサミの消毒

　クリスマスローズの黒死病（ブ
ラックデス）やラン類やユリの
モザイク病などは、しばしばア
ブラムシなどの昆虫によってウイ
ルスが媒介され、発病すること
があります。ウイルス病は不治
の病で、一度感染して発病して
しまうと株ごと廃棄するほかあ
りません。

　ハサミやピンセットなどの用
具類をウイルス罹患株に使用す
ると、その液汁によって次に使
用する健全株に伝染するおそれ
があるので、使用の前に毎回ライ
ターであぶったり、第三リン
酸ナトリウム3％溶液に10分
間以上つけたりして、予防に努
めます（35ページ参照）。こう
すれば、ハサミやナイフなどに
付着したウイルスが不活性化し、
感染が抑えられます。

使用の前にライターで刃先をあぶ
ることも有効。

タネまき

トレニア&マツバボタン

トレニアの花

マツバボタンの花

間引いた部分

Step **3**

移植。ピンセットで周囲の用土ごとすくい取る（マツバボタン）。

トレニア

マツバボタン

Step **1**

ピート板の半分ずつに、トレニアとマツバボタンをまき、約7日で発芽。トレニアの混み合う部分をピンセットで間引く。

トレニア

マツバボタン

Step **2**

間引き後、本葉が4枚になり、移植できるまでに育つ。

トレニア

マツバボタン

3号ポットに植えつける。

ヒマワリ

Point 1 ミニヒマワリの多粒まきを楽しむ

花も草丈も大小さまざまな品種がそろうヒマワリは夏花壇の人気者。コンパクトなミニヒマワリをコンテナに「多粒まき」(1つの鉢に多くのタネをまく方法)して楽しみませんか。小スペースでも楽しめ、こんもりした花のボウルがつくれます。花が上を向く品種を選ぶと、花が葉に埋もれずに咲きそろいます。

ミニヒマワリ「小夏」を小さな鉢で楽しむ。4〜5号ポットで7〜8粒まける。

口径30cmのコンテナにミニヒマワリのタネ10粒をまき、1か月後。まもなく蕾がつく。

タネまき後60〜70日で開花。

Point 2 1本立ちの高性種を密植栽培で切り花用に

8号鉢に高性種のタネを10本育つぐらいにまくと、根の成長が制限されるため、すらりとした茎で小ぶりの花が咲き、カジュアルな切り花に最適です。

(島田有紀子提供)

Point 3 ポットにまいて花壇に植えつけ

花壇にすぐにまけない場合は、ポットにまいて植えつけ適期まで育てるとよいでしょう。

Step 1
3号ポットに3粒まく。

Step 2
発芽後、生育のよい苗を1本残し、2本は根元からハサミで切り取る。

タネの保存

クリスマスローズ

用土に埋めて土中保存（特殊な例）

　タネが飛び散らないように果実に袋などをかぶせておき、熟したら採種します。とりまきもできますが、湿った状態で夏から冬を越さないと春に芽が出ないため、赤玉土などの鉢土に埋め、乾いたら水を与えて秋まで湿潤保存する方法を紹介します。

クンシランの花

果実に袋をかぶせておき、採種したクリスマスローズのタネ。

Step
2

赤玉土など清潔な土を鉢底に入れ、タネを入れた袋を置いて、土をかぶせる。

Step
3

たっぷり水を与える。

Step
4

ラベルを立てる。以後も乾かすと発芽しにくくなるので、乾いたら水を与える。

Step
1

お茶パックなど通気性があり、タネがこぼれ落ちない袋に入れる。

保存したタネを秋にまくと、早春に発芽する。

株分け

クンシラン

傷んだ古根を取り除き、株を手で割る

クンシランは太い根をもち、乾きに強い植物ですが、過湿にしたり、数年植え替えないと根が傷み、夏に根腐れしやすくなります。植え替えてリフレッシュさせましょう。なお、植え替えの目安は3年に1回です。

クンシランの花

Step 3

手で株と土をふるい分けながら、引き離すように2つに分ける。

古土をきれいに落とし、傷んだ根を取り除いた。

Step 1

鉢から株を抜く。このあと、根を傷めないようにていねいに根鉢をほぐす。

Step 2

黒く変色した根は枯死しているので取り除く。

Step 4

それぞれ新しい用土で新しい鉢に植え替えた。

Point

クンシランと同じように株分けできる植物

アガパンサス、ガーベラ、サンセベリア、シンビジウム、テーブルヤシ、フウラン、ヤブランなど。

さし木

シャコバサボテン

初夏にさせば初冬に咲く

　古くなって勢いが衰えた株や数年植え替えていない株は、さし木（茎ざし）で更新しましょう。初夏にさせば、初冬から花が楽しめます。ここではたくさんの花を楽しめる大株をつくる方法を紹介します。

用意するもの

水ゴケ（水で戻し適度な水分を含ませたもの）、2.5号ポット3個
ほかに4.5号ポット、サボテン用培養土（または赤玉土小粒7、軽石小粒3の配合土）を発根後に使用

さし穂（茎節）12本（4本1セットを3セット）を用意する。温度変化の少ない日陰で3〜4日切り口を乾かす。中央にある盛り上がった筋がよくわかるほう（つやがなく色が薄い）が茎節の裏（外側）。

筋

Step 1

さし穂の調整

茎節を2節つけて、ひねり取る。先端の茎節が2枚出ているものを選ぶと早くボリュームアップする。

Step 2

さす

湿らせた水ゴケを手のひらに広げ、さし穂4本を重ねて置き（表または裏でそろえて重ねる）、切り口部分を水ゴケで包み込む（茎節1節を包み込んでよい）。水ゴケの量はポットにきつくなくゆるくなくぴったり入る量とする。

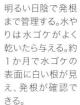

明るい日陰で発根まで管理する。水やりは水ゴケがよく乾いたら与える。約1か月で水ゴケの表面に白い根が見え、発根が確認できる。

Step **3**

鉢上げ

発根したシャコバサボテン3ポット、サボテン用培養土、4.5号ポットを用意する。

3ポットのシャコバサボテンを、用意した4.5号ポットに茎節の表が内側になるように入れ、植えつける。水ゴケは取り外さない。

作業後、水を与える。真夏の直射日光を避けて管理する。

Step **4**

開花までの管理

植えつけ後約3か月（初秋）。新しい茎節が放射状に伸び、生き生きと育っている。9月中旬からは風通しのよい日なたで管理する。

各茎につく花の開花期をそろえるため、9月に小さな新芽を摘む。未熟な芽が成長を続けると蕾がつきにくくなる。

Y.Shimada

芽摘みから約7週間後、蕾がたくさんついている。蕾の大きさが2cm以上になったら、霜が降りる前に室内に取り込み、明るい場所で管理する。

Y.Shimada

芽摘みから約3か月後。開花間近。

Y.Shimada

芽摘みから3か月半で開花。

6月

June

今月の花仕事

梅雨どきは、植物が大きくなりすぎてほかの植物に覆いかぶさり、日を遮って生育を阻害することがあります。宿根アスターなど、秋に開花する宿根草は7月中旬以降に切り戻すと新芽が伸びにくいので、今月中に切り戻します。サルビア・インボルクラータなど晩秋に開花する種類は、草丈が高くなりすぎて倒伏するので、草丈の半分ぐらいで切り戻します。

花が終わった宿根草は、枯れた葉や枝を整理して株元に日が当たるようにします。雨に弱いペチュニアやゼラニウムなども風通しをよくし、開花が一段落したら株元に日がよく当たるように切り戻します。春咲きの球根類で高温多湿で腐りやすい種類は、長雨の前に掘り上げます。

室内の鉢花を戸外に出す場合は、急に強い日ざしに当てると葉焼けするので、曇りが続く日を選んで徐々に日ざしに慣らします。

主な作業と管理

タネまき

高温発芽性の種類は今がまきどき／春まき一年草のタネまきは7月上旬までと長く、特に高温発芽性の春まき一年草や宿根草はこの時期にまくと速やかに発芽し、順調に成長します。秋まで長く咲くマリーゴールドやペチュニアなどは6〜7月にまくと晩夏から元気に開花します。春にまいて育ててきた株や、春に苗を購入して咲き続けてきた株が疲れを見せる夏にタイミングよく交換することができます。若い苗のほうが酷暑に強いうえ、花色の発色もよいので、鮮やかな花壇が期待できます。短日性のヒマワリの品種やコスモスは、遅くまくほど、夏至を過ぎて日が短くなっていく時期に生育するので、低い草丈で早く開花し、寄せ植えなどでも楽しめます。

今月まきたい一年草

ジニア
春から咲き続ける古株よりも夏に花色が鮮やかになる。

マリーゴールド
秋に開花の盛期を目指す。花色と花つきが抜群によくなる。

ビンカ（ニチニチソウ）
過湿が苦手なので梅雨明け後に植えると大敵の疫病にかかりにくい。

ビンカの疫病
梅雨どきに疫病にかかり、中心部の葉が枯れたビンカ。

さし木

梅雨どきはさし木の適期／梅雨どきの気温と湿度は多くの植物の発根にちょうどよく、さし木の適期です（34ページ）。ただし、過湿に弱い多肉植物やゼラニウムなどは腐りやすいので、切り口を乾かしてからさします。今月は切り戻しや刈り込みの時期なので、切った茎をさし穂として利用するとよいでしょう。5月にさしたものは1か月後には発根して鉢上げできるので、植えつけ用の培養土で鉢上げします。

タネとり

5月に準じます（61ページ参照）。

スイートピー　　**オルラヤ**　　**ジギタリス**

6月はいろいろな種類のタネが熟す。

やってみよう

根茎性ベゴニアの葉ざし

レックス・ベゴニアなど根茎性のベゴニアは葉ざしができます。小型の葉は葉全体をさし、大型の葉は下図のように何枚かに切り分けた葉片にしてさすことができます。芽や根は葉脈部分から発生するので、できるだけ太い葉脈をつけます。さし床はほどよく湿っている程度にし、霧吹きで空中湿度を高めます。さし床を過湿にするとさし穂がとろけるので注意します。ふたつきのプラスチック容器などに水ゴケを用いてさし、日陰で管理してもよいでしょう。早ければ3週間で芽と根が伸び出します。

根茎性ベゴニア'クレスタブルキィ'の葉ざし後、新葉が展開し始めた状態。

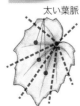

太い葉脈

大きな葉は太い葉脈をつけて切り分けて、葉片にしてさしてもよい。

さし木

宿根草

　宿根草の多くはさし木でもふやすことができます。今月はさし木の適期。そこでふやしたい種類をまとめて育苗箱にさす方法を紹介します。

　用土は市販のさし木用土のほか、赤玉土小粒や鹿沼土小粒の単用土も利用できます。さし穂の調整など、さし木の基本は、34ページで紹介しています。ここではキャットミント（ネペタ）、サルビア・ミクロフィラ（チェリーセージ）、ペンステモン、モナルダを1つの育苗箱にさします（茎ざし）。

キャットミント

サルビア・ミクロフィラ

ペンステモン

モナルダ

用意するもの

育苗箱、さし木用土、ハサミまたはカッターナイフ

さし木の手順

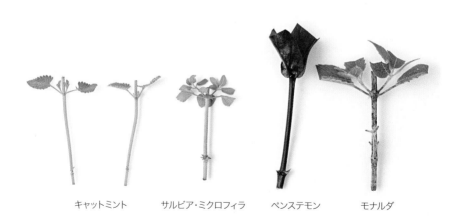

キャットミント　　サルビア・ミクロフィラ　　ペンステモン　　モナルダ

Step **1**　　**さし穂の調整**　　調整したさし穂。いずれも節の下5mm程度のところで切り取り、長さ7cm前後に調整。下葉を落とし、大きい葉は蒸散を抑えるために半分程度に切る。

Step
2
水あげ
1時間ほど水あげする。

Step
4
鉢上げ
サルビア・ミクロフィラの
さし穂の基部を持ち、根
を切らないようにピンセ
ットで抜き、1本ずつ3号
ポットに鉢上げする。用
土は草花用培養土。

Step
3
さす
育苗箱に葉が触れ合わな
い間隔で1節埋めてさす。

3号ポットに4本を鉢上げしたキャットミント。大株
のようにたくさんの花を楽しむために数本まとめて
鉢上げするのもよい。

鉢上げ適期の発根状態

キャットミント

サルビア・ミクロフィラ

ペンステモン

モナルダ

Point

管理のポイント

　明るい日陰で発根まで水を切らさ
ず管理する。頂芽(茎の先端をさす
天ざしの場合)やわき芽が伸び始め
ると発根しているサイン。鉢上げ直後
は活力剤を水やり代わりに与え、活
着したら定期的に液体肥料(N-P-K
=6-10-5など)を施すとよい。

ゼラニウム

ポイントは、梅雨どきには
さし穂の切り口を乾かすこと

　ゼラニウムは水分が多いと腐りやすく、発根しにくいので切り口を乾かします。用土（ここでは日向砂小粒3、赤玉土小粒3、ピートモス2、バーミキュライト1、くん炭1）は水はけのよいものを使います。茎の先端を使う茎ざしは「天ざし」、茎の先端より下の茎を使うさし木を「管ざし」といいます。

＊2.5号ポットに3本一緒にさし、見ごたえのある株をつくる。

取る
先端は摘心
天ざしの
さし穂
管ざしの
さし穂
下葉を
落とす

Step 1

必ず2節以上つけて、さし穂をとる。花や蕾は摘み取る。

Step 2

大きな葉は一回り小さくカットし、蒸散を抑える。

Step 3

先端の芽（摘心）と蕾を摘む。そうすると、わき芽が伸びて、枝数がふえる。

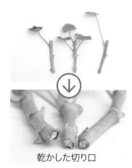

乾かした切り口

Step 4

さし穂の調整が終わった。このあと、日陰で1〜2時間、切り口を乾かす。

Step 5

乾いた用土に3本一緒にさす。このあと水を与える。なお、作業後の水やりは用土がよく乾いてから。常に湿っていると腐りやすく発根しないので気をつける。

Step 6

約3週間で発根。約2か月後には根がほどよく回っている。根鉢をくずさず4号ポットに植え替える。

木立ち性ベゴニア

ポイントは切り戻した
枝の花の咲いていない節を使う

　切り戻しを兼ねてさし木（茎ざし）をします。全体を2分の1程度の高さに切り戻しますが、ベゴニアの仲間は花が咲いた節（花柄が落ちた跡がある）からはわき芽が出ない*ので、花の跡がない節を残して切り戻します。切り取った枝をさし穂に使う際も花が咲かなかった節のある枝を使うのがポイント。用土は市販のさし木用土（または赤玉土小粒3、腐葉土2、軽石小粒2、日向砂小粒2、ピートモス1の配合土）、ポットは2.5号ポット。さし穂4本を一緒にさします。

切り戻し前。

Step **1**

高さの2分の1を目安に、葉芽のある節（○で囲んだ節）の上で切る。

ここから芽が出る

Step **2**

必ず2節以上つけて、さし穂をとる。

ここからわき芽が出る

Step **3**

調整済みのさし穂。下葉を落とし、葉は一回り小さくカット。

Step **4**

2.5号ポットに4本一緒にさす。さしたあと、水を与えておく。

*使用した品種は'ピンク・ミンクス'で例外的に開花した節からもわき芽が伸びる。　73

フクシア

ポイントは
適度に固まりかけた枝を使う

　堅く木質化した部分と柔らかい枝先は使わず、発根しやすい適度に固まりかけた枝の中間部分を使います（管ざしになるので摘心の必要はない）。花の咲いた節からもわき芽が出ます。ここでは早く大株にするために4～6本を一緒にさします。用土は市販のさし木用土。ポットは2.5号。

さし木後に開花したフクシア。

Step 3

30分ほど水あげする。

Step 4

乾いたさし木用土にさし穂を4～6本さす（水を与えて固まった用土を使用するときは割りばしなどで先に穴をあけてからさす）。さしたあとに水を与える。

Step 1

さし穂用に長めの枝を準備する。

Step 5

約2週間で発根、約1か月後には根がほどよく回っている。

Step 2

さし穂を調整する。2節ずつに切り分け、下葉を落とす。蒸散を抑えるために葉は3分の1を残してカットする。

Step 6

根鉢をくずさず4号鉢に植え替える。

株分け

ハナショウブ

ポイントは花後すぐに分けること

アヤメの仲間は花後すぐの株分けがおすすめです。今年花が咲いた株は翌年咲かないので取り除き、若い株を1本ずつに分けて、新芽の出るほうを広くあけて植えつけます。

ハナショウブの花

Step 3

植えつけ用土（草花用培養土）、4号ポットなどを用意する。

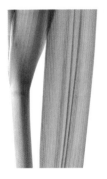

ハナショウブの葉は太い葉脈が1本あるほうが表側。裏側は太い葉脈2本（写真右）。新芽は裏側から出るので植えつけ時に確認する。

花茎

Step 1

花後の花茎を根元から切り取る。

Step 2

残った株を1本ずつに切り分け、葉を半分に切り取る。

葉の裏側

Step 4

ポットに用土を入れ、新芽が出る葉の裏側のほうを広くあけて浅く植えつける。

Step 5

株が動かないように支柱を立てる。

7月

July

今月の花仕事

　7月中旬まで梅雨が続きます。長雨や日照不足で徒長した植物を切り戻したり、枝をすかすように間引いたりして風通しをよくします。ペチュニアやベゴニア・センパフローレンスは、草丈を半分ぐらいに切り戻して追肥を施すと、株が若返り、2〜3週間ぐらいで再び花が咲きます。ジニア・エレガンス（ヒャクニチソウ）やサルビア・スプレンデンスなどは花がら摘みを兼ねた軽い切り戻しを行うと、次々にわき芽が伸びて開花し続けます。

　ネリネやリコリス、ステルンベルギアなど、夏植え球根の植えつけができます。

　梅雨明け後は強い日ざしが照り続けます。水不足で葉焼けが起こりやすくなります。植えつけたばかりの苗は、庭植えでも活着するまではしっかり水を与えます。また、暑さや強い日ざしに弱い鉢植え株は遮光するか、涼しい日陰に移動させましょう。

今月の主な作業 ⟫⟫⟫

主な作業と管理

さし木
暑さに強い一年草、熱帯性多年草のさし木／サルビアやコリウスなどの暑さに強い一年草や、トケイソウやモンステラなどの熱帯性の多年草（宿根草）の茎ざしができます。また、6月にさし木したものは、約1か月後には発根して鉢上げできるようになっています。植えつけ用の培養土で鉢上げします。

タネまき
タネまきは涼しい環境でまく／7月上旬まではタネまきができますが、できるだけ涼しい環境でまきます。地面近くは気温が高いのでガーデンテーブルなどを利用して、育苗台をつくってタネまきするとよいでしょう。夜も気温が高いので、発芽後は、特に徒長に気をつけ、強い日ざしに少しずつ慣らしながら風通しのよい場所で育てます。

過湿にしない／水やりは、発芽までは乾かさないように管理しますが、心配しすぎて毎日水をやり、過湿にするとタネが窒息して死んでしまいます。タネまき時に水をやっておけば、発芽するまでの数日間はほぼ水やりは不要です。また発芽後は早朝に水をやり、夕方には乾き始めているぐらいの管理にすると細根が出て苗がしっかりと育ちます。

ゲリラ豪雨に注意／激しい降雨などで土が固まりやすく、ヒマワリやコスモスなどを直まきしても発芽しないというケースがあ

ります。よく耕した土にまきましょう。さらに、発芽してもその後、雨が降らないと水不足で苗がしおれやすくなるので、高温乾燥が続くときは水やりを忘れずに行います。

タネまきも暑さ対策

遮熱効果のある白いポットや白いセルトレイの利用／タネまき容器は日光を反射する白いポットや白いセルトレイが効果的です。また、バーミキュライトは多層構造ですき間や穴がたくさんあいており、土の温度が上がりにくいので、覆土やタネまき用土に利用するとよいでしょう。ただし、光を通すので、嫌光性種子への覆土には向いていません。

夏は白いポット類を使うと暑さ対策になる。写真は白いセルトレイへのタネまき。

バーミキュライトの細粒で覆土する。

やってみよう

ユリのむかごまき

ユリのなかにはむかご（珠芽）といって地上の葉腋に小球根がつくられる種類があります。オニユリとその変種では、5～6月に茎の上部の葉腋に黒または緑色の小さなむかごができ、やがて自然に落下します。このころ、むかごを採取し、成球と同様の用土に浅く植え、乾かし気味に育てます。種類により、その年に発芽するものと春になってから発芽するものがありますが、順調に育てば3～4年で花が咲くようになります。

むかごをまく。まいたらむかごが隠れるように覆土する。

M.Usuda

オニユリのむかご。

タネの整理と保存

極小のタネは茶こしでふるうとタネが下に落ちる。

採種、整理、保存

育てた植物のタネをとり、翌年はタネから育てる……命の循環も園芸の醍醐味です。開花したら、一部の花がらを残し、採種しましょう。

① タネとりのタイミング

果実（殻）が茶褐色や黒っぽく変化したら熟した証拠。天気のよい日に殻ごと摘み取ります。茎ごと切り取ってもよいでしょう。

② まず、陰干し

殻に湿り気があるとカビが生えるため、雨のかからない場所で、風で飛ばされないように広げて陰干しし、乾燥させます。殻ごと紙封筒や紙袋に入れてカサカサになるまで乾燥させてもよいでしょう。

③ 殻を取り除き、タネを取り出す

よく乾燥したら、殻をもみ、粉々になった殻とタネに軽く息を吹きかけて、殻を吹き飛ばすようにします。小さなタネは、茶こしなど細かい目のふるいを使ってタネだけをふるい分けてもよいでしょう。

④ 冷蔵庫で保存する

タネは、発芽能力を低下させないため、乾燥と低温下で保存するのが鉄則です。タネに含まれる水分量が多いと呼吸が促され、タネに蓄えられた養分が消費されて寿命が短くなります。また、タネは吸湿力が大きく、室内などに置くと湿気を吸います。そこで、完全に乾かしてから、乾燥剤とともに密閉できる容器に入れて、冷蔵庫で保管します。タネの呼吸は4〜5℃で抑えられるので、冷蔵庫での保存がベストです。なお、個々のタネは植物名、採種日を書いてジッパーつきのポリ袋などに入れてから保存容器に入れましょう。

粉々になった殻とタネに息を吹きかけ、殻を吹き飛ばす。より重いタネが手元に残る。

密閉できる容器にいろいろなタネ袋を乾燥剤とともに詰め、ふたをして冷蔵庫で保存する。

液果の処理

<ruby>液<rt>えき</rt></ruby><ruby>果<rt>か</rt></ruby>

果肉を取り除く

　液果は完熟した時点で水分を多く含む果実。果物に多く見られますが、木本性の鉢花などのタネにも見られます。ここではフクシアで、極小のタネの取り出し方を紹介します（タネまきの方法は91ページを参照）。

　なお、大きな液果は、水の中で果肉をくずしてタネを取り出せます。

フクシアの果実とタネ。下段は果実の切断面でタネが見える。

茶こしにタネを入れ、水の中で果肉をくずし、タネを取り出す。

取り出して乾燥させたタネ。

←→
5mm

Point

センニチコウは殻ごと保存

　センニチコウはタネが殻の下のほうに入っている。花がらを切り取った時点では殻からタネを分離しにくいので、そのまま春まで乾燥保存する。時間がたつと分離しやすくなっているので、まく直前に色の薄くなった殻を外してタネをとる。

NP-T.Maki

タネ　殻つき
　　　のタネ

センニチコウの
果実

右から切り取ったままの頭花、殻をつけたままのタネ（下部にタネが入っている）、殻を取り外したタネ。

8月

August

今月の花仕事

　猛烈な暑さと熱帯夜が続きます。暑さに弱い植物は急に枯れるのではなく、徐々に衰弱していきます。早期発見すれば助かりますが、逆に症状が悪化し、気がついたときには手遅れ、ということもあります。土が湿っているのに葉や茎の先がうなだれる、葉色が悪くなるなどの兆候が見られたら、鉢を日陰に移して水やりを控えめにしましょう。8月下旬になると朝夕は涼しい日も多くなり、植物も生気を取り戻します。

　先月に引き続き、ネリネやリコリスなどの夏植え球根の植えつけ、植え替えができます。ラケナリアやスノードロップなどの秋植えの小球根も袋入りで出回り始めます。入手したら早めに植えつけましょう。

　アガパンサスやエキナセアなど宿根草のタネとりができます。これらは8月下旬からタネまきが可能で、とりまきするとよく発芽します。

主な作業と管理

さし木

夏こそ水ざし／7月に準じます。一般に、ゼラニウムやカランコエのような多肉質の植物の場合、夏の高温期に茎ざしすると腐りやすいのですが、水ざしなら可能です。さし穂の下1節くらいが水につかるようにし、涼しい日陰で管理すると、2週間ぐらいで発根します。少しでも発根が見られたら（5〜6mm程度）用土に植えつけ、ぐらつかないように支柱を立てておきます。

タネまき

年内に咲かせたい種類は今まく／年内に咲かせたいパンジーやビオラ、ハボタンのタネまき適期です。できるだけ冷涼な場所でまき、発芽したら徒長しないように、風通しと日当たりのよい場所で管理します。

　短日性の強いコスモスの晩生品種（秋咲き性品種）は早くタネをまくと草丈が高く伸びるので、8月になってからまきます。ウモウケイトウも短日性で、8月になってからタネをまくとミニサイズに仕上がります。

ハボタンは8月上旬にセルトレイや育苗箱にまく／タネが隠れる程度に覆土をしてまくと、3〜4日で発芽します。葉色は茎の色の違いで区別できます。茎が紫を帯びていれば葉も紫、茎が緑色であれば白からパステル系です。本葉が3〜4枚になったら2号ポットに1本ずつ鉢上げします。小さなハボタンを密植して育てたい場合は、3号ポットに数株ずつ植えてもよいでしょう。

Column

ネリネの植えつけ

小さめの鉢を
選ぶことがポイント

　ネリネは、晩秋に咲くヒガンバナ科の球根植物。南アフリカ原産で自生地は雨量が少なく、岩場などに挟まるように生育しています。そのためか、窮屈な環境で花が咲きやすいようです。そこで、一般的な鉢植え植物よりも小さめの鉢を選ぶことがポイントです。また、岩のすき間のわずかにたまった土に根を下ろして生育しているため、水と肥料の与えすぎは禁物。

　自然に分球してふえ、3〜4年ぐらいたち鉢から球根があふれるぐらいになってきたら植え替えます。

鉢の大きさの目安

開花サイズの球根1個植えの場合は、3号ポット、2個植えの場合は、4号ポット。

植え替え例

5号ポットに植えつけて3年目の株を植え替える。

Step 1

鉢から抜く。古土を落とし、小球を分ける。

Step 2

開花サイズの球根5個を5号ポットに植えつける。

球根の肩が出るように用土を入れ、軽く水を与える。

NP-Y.Sakurano

球根のふやし方

種類によって、球根の形やふえ方が異なる

　球根は、地下または地際にある葉や茎、根が太ったもので、球根の種類により、ふえ方が異なります。主なものに以下のような球根があります。

鱗茎（りんけい）　地下で葉（鱗片）が太ったもの

例：チューリップ
親球はなくなり、それに代わって新球ができ、自然に分球する。

親球

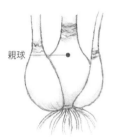

例：スイセン
親球はなくならず、鱗片をふやして肥大していく。数年で自然分球する。
＊アマリリスやヒアシンスは、新球がほとんどできず、親球が大きくなる。

親球

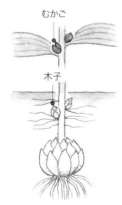

むかご

木子

例：ユリ
外皮に覆われない鱗状の鱗片が重なり合っている。2年分の鱗片で構成される。種類により地下の葉腋に木子、地上の葉腋にむかごができる。木子、むかごでふやすほか、鱗片ざし（85ページ参照）ができる。

球茎　茎が肥大したもの

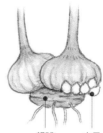

親球　　木子

例：グラジオラス
茎が球形あるいは卵形に肥大し、薄い外皮に包まれる。親球の上に新球がつくられ、親球は消耗する。新球を外してふやす。親球と新球の間の短い茎に木子がつき、肥培すると大きくなる。

塊茎（かいけい）　茎が肥大したもの

茎あるいは胚軸（はいじく）が肥大して塊状または塊状になったもので、外皮に覆われない。

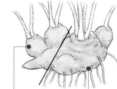

新しい塊茎　　古い塊茎

例：アネモネ
親球は消耗し新球をつくる（大きくなった塊茎を分割する）。

※シクラメンは親球は分球せずに年々肥大する。タネでふやす。

根茎　地下茎が肥大したもの

地表面あるいはその下に横に這う地下茎が肥大する。親球はなくならない。

芽

例：カンナ
地下で茎が分枝しながらふえるので2～3芽つけて切り分ける。

塊根　根が肥大したもの

茎の基部から肥大した根が伸びる。親球はなくなり、新球をつくる。

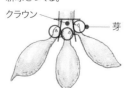

クラウン　　芽

例：ダリア
肥大した根がいくつもつくが、芽は塊根のつけ根の茎の部分（クラウン）にしかないので、必ずクラウンをつけて切り分ける。

スノードロップの切片ざし

<ruby>切片<rt>せっぺん</rt></ruby>

可憐な冬の球根植物スノードロップ。最近はいろいろな園芸品種が登場していますが、なかには高価な品種もあります。そこで、切片ざしでふやしてみませんか。球根を清潔なナイフで分割し、市販のさし木用土などにさす方法です。なお、タネから育てると開花まで5年ほど、切片ざしは3年ほどで開花します。

NP・N.Kamibayashi

スノードロップの花

Step

1

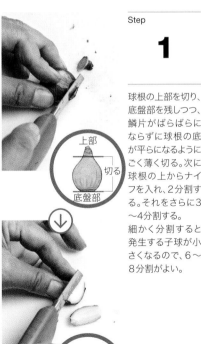

球根の上部を切り、底盤部を残しつつ、鱗片がばらばらにならずに球根の底が平らになるようにごく薄く切る。次に球根の上からナイフを入れ、2分割する。それをさらに3〜4分割する。
細かく分割すると発生する子球が小さくなるので、6〜8分割がよい。

上部

切る

底盤部

↓

8分割する

Step

2

8分割した。

Step

3

湿らせたさし木用土に切り分けた切片の上部が5mmほど出るようにさす。日陰で乾かし気味に管理する。

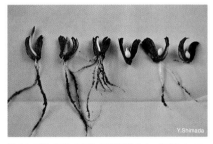

Y.Shimada

約3か月後、切片の間に子球が発生し、発根もしている。鉢上げして肥培する。

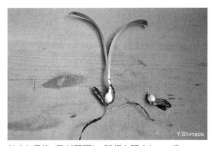

Y.Shimada

約6か月後、葉が展開し、球根も肥大している。

＊アマリリスやスイセンも同様にふやすことができる。
一部の原種系スイセンなど、分球しにくく、ふえにくい品種に適する。

9月

September

今月の花仕事

　残暑が続きますが、植物は確実に秋を感じています。9月中・下旬はタネまき、さし木、株分けなどさまざまな作業の適期です。秋は急速に気温が低下するので、タネまきが遅れると発芽や成長が鈍り、秋の間に植えつけできずにポット苗のまま冬を越させることになります。時機を逃さずにまいて寒さがくるまでに苗を大きくします。シクラメンなどの夏休眠性の球根も植え替えます。植え替え後は一気にたっぷりの水を与えるのではなく、鉢の高さの半分までしみるような水やりにとどめます。休眠から覚めた球根が急に吸水すると腐る可能性があるからです。葉が展開したら通常の水やりにします。

　日陰で間のびした茎葉は切り戻して、新芽が伸び始めたら追肥を施します。四季咲き性の一年草は旺盛に生育して、2〜3週間で再び、開花します。

主な作業と管理

株分け

春に咲く宿根草の株分けができる／9月下旬〜10月にかけて、主に春に咲く宿根草の株分けができます。ただし、ガーベラなど寒さにやや弱い植物の株分けは、秋よりも春に行うほうがよく、気温が上昇する春は傷んだ根や株の回復が早まります。秋に行うときは9月中旬に行い、冬を迎えるまでに新しい根を十分に張らせましょう（42ページ参照）。

さし木

茎ざしのほか根ざしも可能／6月に準じます。早春と同様に、根ざしもできます。シュウメイギクやルリタマアザミなど、秋に植えつける種類でやってみましょう（40ページ参照）。

タネまき

秋まき一年草のタネまきができる／冬に咲かせたいパンジー、ビオラやストックなどはできるだけ9月中旬までにまいて、10月下旬〜11月中旬には花壇に植えつけられるようにします（タネまきの方法は18ページ参照）。宿根草のエリンジウムやスカビオサなどタネの寿命が短いものは、とりまきします。

3号ポットに3粒のタネをまいてそのまま育てたビオラ。品種をミックスすると1鉢でも華やか。

ユリの鱗片ざし

　適期は8月下旬～9月。親球から鱗片を外し、湿り気のあるピートモスやバーミキュライトとともにパッキングします。培養土を入れた鉢にさしてもよいです。

Step

1

腐敗予防のため球根を消毒液（オーソサイド400倍液）に30分ほどつけて消毒する。

Step

2

鱗片を1枚ずつはがす。ポリ袋に、湿気を感じる程度に湿らせたピートモスかバーミキュライトを入れ、その中に鱗片を埋めて、袋の口を結わえて温度変化の少ない場所に置いておく。約1か月半で鱗片の基部に小さな球根ができる。

Step

3

1球ずつ2.5号ポットに鉢上げする。

ストックの八重鑑別

　ストックのタネをまくと、八重咲きが55～65%、一重咲きが35～45%の割合で出現します。発芽して間もない時期に観賞価値が高い八重咲きの苗を選別します。

　発芽は八重咲きの苗のほうが一重咲きよりも早く、下記のような特徴があります。苗が大きく成長すると判断しにくくなるので、子葉が展開した段階で見極めるのがポイント。

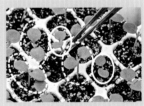

子葉の色が濃く、丸くやや小さい一重咲きの苗を抜き取る。

◌⃝ 八重は子葉が楕円形で大きく、色が薄い

◯ 一重は子葉が丸く、小さめで緑色が濃い

鑑別で選んだ八重咲きのストック。

株分け

シャクヤク

根をハサミで大きめに
切り分ける

　10号鉢で育てて3年目の株を分けます。太い根をハサミで切り分けますが、ここでは大きく2分割(生育状態により2〜4分割できる)します。切り分ける段階で小さく割れてしまったものも、芽があれば植えつけておきます。シャクヤクを庭に植える場合は、1株当たり5〜6ℓの腐葉土、適量の元肥を施します。

NP-M.Fukuda

シャクヤクの花

株分け前のシャクヤク。

Step

1

鉢から抜き、地上部の枝を10cmほど残して切り、古土を落とす。太い根が絡み合うように育っている。

Step

2

芽をつけて、大きく2つに切り分ける。

↓

切断面(切り口)から病原菌が入って腐るのを防ぐため、植えつける前に切断面を乾かすか、殺菌剤を塗布してから植えつける。

Step

3

芽

分割の際に割れてしまった太い根。いずれも芽があるので、植えておく。

ジャーマンアイリス

花が咲いた根茎を外し、新しい根茎を分ける

　肥大する根茎が枝分かれしながらふえます。今年開花した根茎には翌年花が咲かないので、新しくできた根茎をつけ根から切り離して使います。古い根茎は処分します。

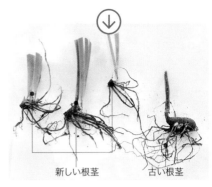

新しい根茎　　　古い根茎

古い根茎から新しい根茎を切り離して植えつける。葉は半分ぐらいに切る。古い根茎は使わない。

ジャーマンアイリスの花

こんな場合は、下側の古い根茎を取り除き、新しい根茎2つを外して植えつける。

新しい根茎

古い根茎

Step

1

ジャーマンアイリスの株。中央の古い根茎（今年開花）の左右に新しい根茎ができている。

Step

2

いくつもつながった長い根茎は折り取る。芽が出ていなくても植えておくと芽が出てくる。

新しい根茎

Step

3

ジャーマンアイリスは過湿を嫌うので、根茎の上半分を地表に出すように植えつける。過湿にすると根茎が腐りやすい。なお、新しい根茎は古い根茎の左右にできる。

夏越しした
プリムラ・ポリアンサ

根をつけ、1〜2芽ずつに手で分ける

プリムラ・ポリアンサは本来宿根草ですが、暖地では夏越ししにくいため、一年草扱いされます。しかし、涼しい半日陰などで夏越しできれば数年で大株に育ちます。夏越しした株は今が株分けの適期。掘り上げて株分けしましょう。

Step
1

株を掘り上げ、土を落とす(写真は植えつけ3年目の株)。次に手で大きく2〜3分割する。

Step
2

よい根のない古い根茎は新根の発生が悪いので折り取る。

Step
3

絡んだ根をほぐしながら、根が均等につくように1芽ずつに分ける。数芽ずつ花壇に植えつけるが、新芽が出る株元を埋めないように注意する。

Point

茎が立ち上がった
植物のさし木。ヒューケラ&
ヒマラヤユキノシタ

古株になると茎が立ち上がり、見た目が悪くなるとともに勢いがなくなる宿根草に、ヒューケラやヒマラヤユキノシタ(ベルゲニア)がある。いずれも立ち上がった茎を3〜4cmつけて切り取り、さし木をするとよく発根し、リフレッシュする。ヒマラヤユキノシタは茎だけの部分を5〜6cmに切ってさし木できる。いずれも、茎が伸び上がっていなければ、株分けでリフレッシュできる。

伸び上がった茎を切り取ったヒューケラ。

ヒマラヤユキノシタの茎(根茎)を切り取る。先端部分も根茎だけの部分もさし木ができる。

タネまき

デルフィニウムの
冷蔵庫まき

冷蔵庫で発根させる

デルフィニウムを翌春咲かせるには、冬がくるまでにある程度大きな株にする必要があり、9月にタネをまきます。しかし、発芽適温が15℃前後なので、冷蔵庫で発芽（発根）処理する方法を紹介します。

Step
1

密閉できる容器の底にぬらしたキッチンペーパー（数枚重ねる）を敷き、タネを置く。密閉して冷蔵庫に入れる。

Step
2

およそ7〜10日で根が出始める。1mm伸びたら移植できる。

Step
3

ピンセットでタネまき用土に移植し、5mmぐらい覆土する。なお、根が出れば、気温に関係なく成長できる。

数日で発芽する。

Step
4

移植から5週間後。暑さの中でも順調に成長する。

Y.Shimada

Step
5

12月初旬にこのぐらいの大きさに育てば、翌春ボリュームがある花が咲く。

Y.Shimada

＊秋から咲かせたいパンジーやビオラも同様に冷蔵庫で早まきすることができる。

ペレット種子の
トルコギキョウ

発芽をそろえるため、コーティングを水で溶かす

　トルコギキョウのタネは極小のため、まきやすいようにペレット種子と呼ばれる特殊なコーティングが施されています。コーティング剤は水に溶けてくずれやすいので、ぬれた指でタネを触らないようにします。好光性種子なので、覆土はせず、まいたら霧吹きで水をかけ、コーティング剤を溶かします。

用意するもの

タネ、圧縮ピート（円形の圧縮されたピートモスで水を含ませてふくらませ、中央のくぼみにタネをまく）、霧吹き

トルコギキョウの花

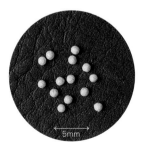

トルコギキョウの
タネ（写真は拡大してある）。

Step

1

水を含ませた圧縮ピートの中央のくぼみに4〜5粒のタネをまく。

Step

2

タネに霧吹きで水を与え、コーティング剤を完全に溶かす。その後、底面給水で水を切らさずに管理する。

Step

3

発芽した。本葉が2〜3枚出たら生育のよい苗を1本残してハサミで切り取り、間引く。

Y.Shimada

Point

主なペレット種子

　カンパニュラ、トレニア、ベゴニア・センパフローレンスなどベゴニア類、ペチュニア、マツバボタンなど。裸種子と比べて寿命が短いので、タネ袋を開封したら早めにまく。

原種シクラメン

乾燥したタネは
吸水させてからまく

秋に熟すタネをとりまきできますが、乾燥保存したタネは水で1時間ほど吸水させてまくと発芽がよくそろいます。

用土は赤玉土小粒、鹿沼土小粒の等量配合土または市販のタネまき用土。

シクラメン・ヘデリフォリウムの花

Step

3

約6週間で発芽が始まる。

Step

1

タネを水に浸して吸水させる。

Step

2

3号ポットに用土を入れて水を与え、タネをパラパラと落とす。タネが隠れる程度に覆土する。

Point

フクシアのタネをまく

極小のタネなので平鉢などにまき、覆土せずに底面給水で発芽を待つ。タネの取り出し方は79ページ。

平鉢に用土を入れて水を与え、フクシアのタネを厚紙にのせ、左右に揺らしながら均一に落とす。

底面給水で発芽を待つ。

約10日で発芽した（写真は2週間後）。

91

10月

October

今月の花仕事

　短日で開花する種類が主役になり、野趣のあるグラス類や実のなるものがそれを引き立て、秋の風情を感じさせます。秋は株の充実期で、地中では地下茎が伸びて成長し、地際や株元に新しい芽ができ、冬越しに向けての準備が始まります。植えつけや植え替え、株分け、さし木もできます。できるだけ早く済ませ、寒さがくる前に根づかせます。

　クロッカスやスイセンなどの秋植え球根は9月下旬から、発根適温が10〜15℃のチューリップは10月下旬から植えつけができます。また、春植え球根は耐寒性が弱いものが多く、寒さがくる前に掘り上げるか、鉢植えのまま雨の当たらない場所に移します。茎葉が黄変して球根を掘り上げたら乾かし、網袋に入れたり、乾いたピートモスなどとともに箱に入れたりして冷暗所で保存します。

主な作業と管理

株分け

9月に準じます。

Point

秋に分けたい宿根草リスト

アルストロメリア、アルメリア、エビネ、クリスマスローズ、ケマンソウ、シバザクラ、ジャーマンアイリス、シャクヤク、宿根ナデシコ、シラン、スズラン、フクジュソウなど。

さし木

乾燥を好む種類も容易に発根／5〜7月と同様、さし木の適期です。秋は空気が乾燥しているので、乾燥を好む多肉植物やゼラニウムなどでは初夏にさすよりも成功率が高まります。切り口から腐ることなく、容易に発根します。耐寒性の弱いフクシアや木立ち性ベゴニア、サルビア・ディスコロルなどは茎ざしして小苗をつくっておくと、室内での冬越しに便利です。先月に引き続き、根ざしもできます。

タネまき、タネとり

秋まき一年草のタネまき、春〜夏まき一年草のタネとり／多くの秋まき一年草のタネまきができます。できるだけ早くまいて、寒さが到来するまでに植えつけます。また、花がらを残したり、交配（右ページ参照）したりしたものはタネがはじけないうちに摘み取ります。二年草や、改良されて一年草に

なった植物では、苗が一定の大きさになってから冬の低温にあうことで開花が促されます。カンパニュラ・メジウムやジギタリス・プルプレア、ルナリア、バーバスカム、ムシトリナデシコなどで、低温に感応できる苗の大きさはおよそ本葉5〜8枚のころです。

春にタネをまいて育てたカンパニュラ・メジウムの苗。今月植えつける。本葉7〜8枚で冬の寒さに反応して花芽分化し、翌春開花する。

交配

　確実にタネをとるために人工授粉をしてみましょう。同じ株の子孫どうし、または品種の異なるもの（親と同じ花は得られない）でも可能です。雄しべの花粉を雌しべの柱頭につけます。パンジーを例に交配の方法を紹介します。

Step **1**

開花の数日後、下の花弁のつけ根付近のくぼみにたまった花粉をようじの先につける。

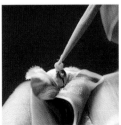

Step **2**

花粉を雌しべの柱頭につける。柱頭はへこんだ小さな壺状になっており、そこに花粉を入れるようにつける。

やってみよう

パンジー、ビオラのミックスまき

　2号ポットにタネまき用土を入れ、水やりをしたら、タネが重ならないよう3〜5粒まき、細かいバーミキュライトでごく薄く覆土します。9月中旬〜10月上旬にまけば7〜10日で発芽します。通常はこのあと間引きをして元気のよい苗を1本残しますが、ここでは間引かずそのまま大きくしていきます。

　過湿にならないように注意して控えめに水やりを行い、定期的に肥料を施して育てると、2か月半〜3か月で開花します。複数株を寄せ植えした場合と異なり、1株に見えながらもいろいろな色の花が咲き、にぎやかな印象になります。同じシリーズの混合種子を使うと花色の調和がよく、開花時期や花の大きさもそろってきれいにまとまります。

ビオラの混合種子を多粒まきにした一例。

11・12月

November・December

今月の花仕事

　宿根草の多くは寒さから身を守るため、地上部を枯らして地下の芽で冬越ししたり、ロゼット状になったりします。一年草は伸びずに分枝します。寒さに強い宿根草は、枯れた茎葉を株元から切って新芽に日を当てますが、寒さに弱い種類では茎葉を20cmほど残して切り、新芽に霜が当たらないようにします。マーガレットやゼラニウムのような常緑種は寒さに弱いので防寒するか、室内に取り込みます。

　パンジー、ビオラの植えつけは、それぞれ11月中旬、11月下旬までに済ませます。ムスカリやフリージアの球根などは早く植えると葉が伸びすぎるので11月中・下旬に植えつけます。そうすれば、葉が短く整い、寒害も受けにくくなります。植えつけが12月以降と遅くなった場合は、株元を腐葉土などでマルチングして防寒しましょう。

主な作業と管理

株分け

耐寒性の強い種類、休眠した種類／春咲き性で耐寒性の強い種類や、すでに休眠に入った種類は株分けができます。ただし、できるだけ根を傷めないように分割し、11月中に済ませます。10月下旬以降に株分けした株は根がしっかり張らないうちに寒さにあうので、霜や霜柱による寒害を避けるために、不織布を花壇に直接かけるべたがけをしたり、株元に腐葉土や堆肥で厚めにマルチングしたりします。ホットキャップの利用もよいでしょう。

寒さ対策いろいろ

不織布を花苗の上に直接かけるべたがけで寒害を防ぐ。

植えつけが遅れた苗はホットキャップで保護。

霜や霜柱対策には株元へのマルチングも有効。

Column

シャコバサボテンを冬から春にもう一度咲かせる

秋に開花株を購入したら試してみよう

　シャコバサボテンの自然開花期は11月中旬からですが、市場では8〜9月になると蕾をつけた早生品種が流通します。これらの株は9〜10月に観賞したあと、もう一度花を咲かせることができます。シャコバサボテンの花芽分化期は通常9〜10月で、夜温15℃程度、日長が10〜12時間の短日条件が必要です。これを念頭に、一番花が終わったあと、これらの条件を再現するのです。

花後に1回追肥、新葉を摘む。日没後は暗い部屋に置く

　一番花のあと、体力を回復させるため、チッ素分の少ない液体肥料（N-P-K＝6-10-5など）を1回だけ施します。茎節の先端に新芽が出ている場合、あるいは出てきた場合は摘み取ります。秋の芽摘みと同様です。室内で花を楽しんでいた場合はそのあとも同じ部屋に置いたままにしがちですが、短日条件にするため、日没後に照明の当たらない場所で育てます。その後、花芽がつくまでは水やりを控えめにし、花芽が見えたら通常の水やりに戻します。花芽の

大きさが2cm以上になったら、リビングなど夜に照明の当たる部屋に移してもかまいません。12〜1月に再び開花が見られます。この二番花を咲かせる方法は一番花が早かったものほど簡単ですが、年内に一番花を終えた株であれば再び2〜3月に咲かせることができます。開花期が長くない鉢花だけに1年に2回開花すればうれしいものです。

12月の開花後、短日処理。2月上旬、二番花の花芽が見え始める。

3月上旬、二番花が開花した。

植物の老化現象は、苗のときから始まっている！

根詰まりすると栄養失調になり、老化が進む。小さくても花を咲かせる

　鉢上げが遅れると植物はどうなるでしょうか？

　鉢上げが遅れると根詰まりを招きます。そして根詰まりを起こした株は、水を与えても鉢の中に十分行き渡らず、また養分も吸収できないので、栄養失調になります。肥料切れの状態です。進行すると、成長が衰え、植物は子孫を残そうと、早く花を咲かせて一生を終えようとします。苗の鉢上げが遅れたときに、育苗箱やセルトレイ内のまだ幼い苗なのに花をつけることがあります。つまり老化現象は成長のどの段階でも起こるのです。新芽が展開せずに成長が停滞する、葉が黄色くなる、あるいは下葉が落ちる、茎が茶色く木質化するなどの症状が現れてからでは、肥料を施すだけでは一時しのぎで根本的に改善されません。

植えつけ適期の苗は、植えつけ場所がなければ大きなポットに移植

　植えつけ適期の苗があるのに、花壇にはまだ前シーズンの花が咲いていて、抜いて新しい苗と交換するのが惜しく、すぐに植える場所がない、その結果ポット苗のまま置いておくといった場面がありがちです。しかし、老化は日に日に進みます。

　タイミングよく植えつけできない場合は、一回り～二回りほど大きなポットに植え替えて根をゆるめておきます。

　それもできなかった場合は、速効性の液体肥料を施し、花壇に植えつける際にカチカチになった根鉢の周りをほぐして、土の中で根が周囲に広がっていけるようにしましょう。

　日ごろから老化が起こらないよう、定期的に肥料を施し、根詰まりしないように適期に植えつけ、植え替えを行うことが大切です。

植えつけが遅れ、老化したハボタンの苗。小さい状態で花茎が伸びて蕾が見えている。

植えつけが遅れたキャットニップの苗。根が回り、カチカチに固まった状態。

Chapter 3

もっと知りたい！
ふえ方、ふやし方

花苗のふえ方、
ふやし方をもっと詳しく知りたい、
そんな人のために、植物の生理に基づき、
タネの発芽の仕組みやさし木の
発根の仕組みを紹介します。
あわせてすぐに役立つタネまきカレンダー
鉢花の管理・作業カレンダーも
収載しています。

発芽の仕組み

タネの構造を知ろう

　カキのタネの断面を見てみると、子葉、胚軸、幼根からなる胚と胚乳、種皮があることがわかります。胚乳はデンプン、たんぱく質、脂肪など、発芽を助ける養分を蓄えています。胚乳をもたないアサガオやスイートピーなどのタネの場合は、発芽のための養分は子葉に蓄えられています。このように、タネの中には植物の赤ちゃんが眠っています。

　なぜ眠っているかというと、動物の冬眠と同じように、不適な環境をやりすごすためです。例えば、コスモスのような耐寒性のない植物が春から秋に生育・開花し、そのあと結実してタネを落とし、すぐに発芽したら、その幼い苗は冬に生き残れず枯れてしまいます。パンジーのような耐暑性のない植物が生育・開花したあと、初夏に結実しても、こぼれダネから発芽した幼い苗は暑さや雨の降らない乾いた夏に枯れてしまいます。そこですぐには芽を出さずに休眠し、生育に適する環境になるまでタネの状態で待つのです。なお、市販されているタネは時間を経てすべて休眠から覚めた状態のものです。

アサガオの子葉。タネの中にたたまれ、養分を蓄えている。

タネの構造

有胚乳種子
胚乳に養分を蓄えている
例：カキ

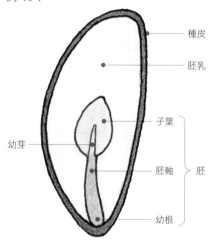

種皮
胚乳
子葉
幼芽
胚軸　｝胚
幼根

無胚乳種子
発芽のための養分を子葉に蓄えている
例：スイートピー

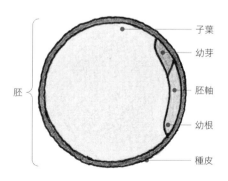

子葉
幼芽
胚　｛
胚軸
幼根
種皮

休眠から覚めたタネは生育に適した温度と水と酸素を得て発芽が始まる

　タネが発芽するには、水、温度、酸素の3つの条件すべてが満たされる必要があります。養分はタネの中に蓄えられているので発芽には必要ありません。休眠中のタネの場合はこれら3つの条件がそろっても発芽しませんが、休眠から覚めたタネであれば、生育に適した温度と水分を得ると代謝が始まります。さらに急速に水分を吸収し、発芽するための酵素が活性化して根を伸ばし、次いで芽を伸ばします。自分で光合成を始めるまでは土の中の酸素を使い、呼吸だけで芽を伸ばしていきます。

発芽のプロセス開始後、水切れさせると枯死する

　発芽のプロセスが始まると後戻りすることはできないので、発芽がそろうまでに一度でも乾かすと死んでしまいます。タネまきの失敗には、途中で乾かした、あるいは水を与えすぎて酸素欠乏になったなど、水やりに原因があることが多いようです。常に適度に湿っている状態を保つことが大切です。

　多くのタネは光の有無に関係なく発芽しますが、なかには光が当たると発芽が促されるタネ＝好光性種子（明発芽種子）、光によって発芽が抑制されるタネ＝嫌光性種子（暗発芽種子ともいう）があります（13ページ参照）。通常、タネは土中の光が当たらない状態で発芽し、地上に出て光合成をするまでの短い間、タネの中の養分を使って成長しますが、微細なタネはタネの中の養分がきわめて少ないため、もし土中で発芽すると地上に達するまでに力尽きてしまいます。微細なタネに好光性種子が多いのは、発芽と同時に光合成を始めるためで、つまり、暗黒下では発芽しない機能が備わっていることが重要なのです。

　発芽適温は生育適温よりも温度域が狭く、また植物の種類によって異なります（13ページ）。最適温度の時期にタネをまくと速やかに発芽し、安定してそろいます。タネ袋に書かれている時期を守りましょう。なお、タネは土中にあるので、発芽適温とは気温ではなく、1日の平均地温を指します。土にさすタイプの地温計を利用すると便利です。

二年草は初夏から初秋にまく

　二年草であるルナリアやエキウム・ウィルドプレッティーは苗がある程度の大きさにならないと開花に必要な冬の低温に感応しない性質をもっているため、初夏もしくは初秋にタネをまきます。現在は改良されて一年草として扱われるジギタリス・プルプレアやカンパニュラ・メジウムなども、もともとは二年草であったため、その性質を若干残しており、同様に晩夏から初秋にタネをまいて冬までに株を大きく育てます。

NP・S.Maruyama

二年草のルナリア。

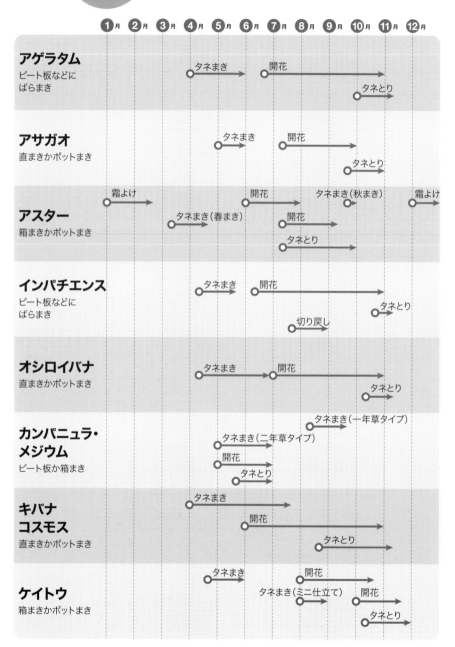

❶月 ❷月 ❸月 ❹月 ❺月 ❻月 ❼月 ❽月 ❾月 ❿月 ⓫月 ⓬月

アゲラタム
ピート板などに
ばらまき

タネまき　開花　タネとり

アサガオ
直まきかポットまき

タネまき　開花　タネとり

アスター
箱まきかポットまき

霜よけ　開花　タネまき（秋まき）　霜よけ
タネまき（春まき）　開花　タネとり

インパチエンス
ピート板などに
ばらまき

タネまき　開花　タネとり
切り戻し

オシロイバナ
直まきかポットまき

タネまき　開花　タネとり

**カンパニュラ・
メジウム**
ピート板か箱まき

タネまき（一年草タイプ）
タネまき（二年草タイプ）
開花
タネとり

**キバナ
コスモス**
直まきかポットまき

タネまき　開花　タネとり

ケイトウ
箱まきかポットまき

タネまき　開花
タネまき（ミニ仕立て）　開花　タネとり

100　○—▶＝作業適期　＊関東地方以西基準　＊26〜29ページで紹介。箱まきとは育苗箱まきのこと

| | **1**月 | **2**月 | **3**月 | **4**月 | **5**月 | **6**月 | **7**月 | **8**月 | **9**月 | **10**月 | **11**月 | **12**月 |

コスモス
直まきかポットまき
タネまき（4月〜9月）　開花（6月〜12月）　タネとり（11月〜）

コリウス
ピート板か
平鉢にばらまき
タネまき（4月〜6月）　開花（7月〜12月）　タネとり（10月〜）

サルビア
箱まき
タネまき（5月〜6月）　開花（7月〜12月）　タネとり（11月〜）

サンビタリア
箱まき
タネまき（4月〜5月）　開花（6月〜11月）　タネとり（11月〜）　切り戻し（8月〜）

ジニア
箱まきかポットまきか
直まき
タネまき（4月〜6月）　開花（7月〜11月）　タネとり（11月〜）

センニチコウ
箱まき
タネまき（5月〜6月）　開花（7月〜11月）　タネとり（11月〜）

トレニア
ピート板か
平鉢にばらまき
タネまき（5月〜6月）　開花（6月〜11月）　タネとり（11月〜）

ニコチアナ
ピート板か
平鉢にばらまき
タネまき（5月〜6月）　開花（7月〜11月）　タネとり（11月〜）

2 —— 春まき一年草の 管理・作業カレンダー

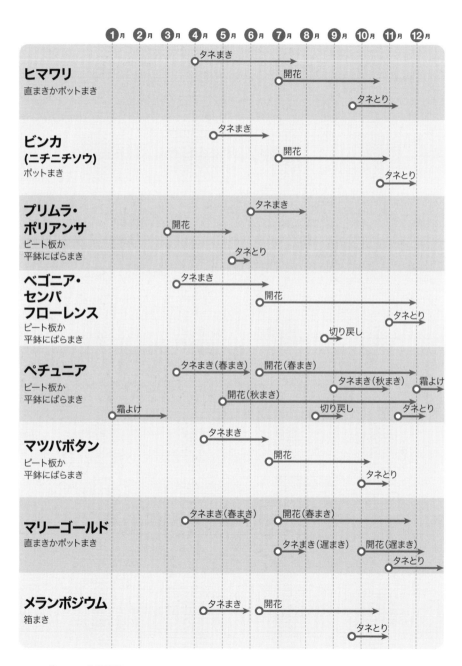

ヒマワリ
直まきかポットまき

- タネまき
- 開花
- タネとり

ビンカ (ニチニチソウ)
ポットまき

- タネまき
- 開花
- タネとり

プリムラ・ポリアンサ
ピート板か
平鉢にばらまき

- タネまき
- 開花
- タネとり

ベゴニア・センパフローレンス
ピート板か
平鉢にばらまき

- タネまき
- 開花
- タネとり
- 切り戻し

ペチュニア
ピート板か
平鉢にばらまき

- タネまき(春まき)
- 開花(春まき)
- タネまき(秋まき)
- 霜よけ
- 開花(秋まき)
- 霜よけ
- 切り戻し
- タネとり

マツバボタン
ピート板か
平鉢にばらまき

- タネまき
- 開花
- タネとり

マリーゴールド
直まきかポットまき

- タネまき(春まき)
- 開花(春まき)
- タネまき(遅まき)
- 開花(遅まき)
- タネとり

メランポジウム
箱まき

- タネまき
- 開花
- タネとり

102　○—▶=作業適期

秋まき一年草の
管理・作業カレンダー

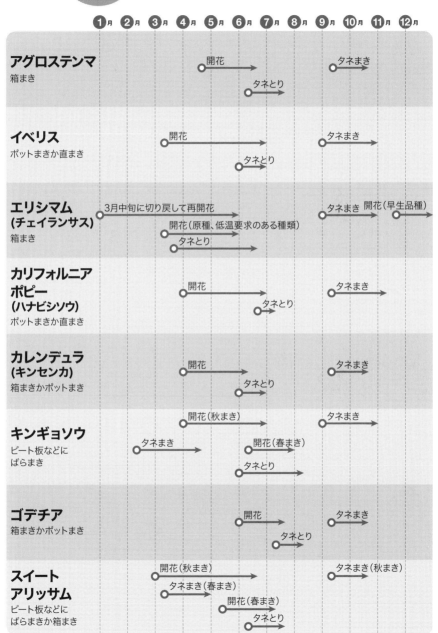

	❶月	❷月	❸月	❹月	❺月	❻月	❼月	❽月	❾月	❿月	⓫月	⓬月

アグロステンマ
箱まき
開花（5〜7月）　タネとり（6〜7月）　タネまき（9〜10月）

イベリス
ポットまきか直まき
開花（4〜7月）　タネとり（6〜7月）　タネまき（9〜12月）

エリシマム（チェイランサス）
箱まき
3月中旬に切り戻して再開花　開花（原種、低温要求のある種類）　タネとり　タネまき　開花（早生品種）

カリフォルニアポピー（ハナビシソウ）
ポットまきか直まき
開花（4〜7月）　タネとり（6〜7月）　タネまき（9〜10月）

カレンデュラ（キンセンカ）
箱まきかポットまき
開花（4〜7月）　タネとり（6〜7月）　タネまき（9〜10月）

キンギョソウ
ピート板などにばらまき
開花（秋まき）　タネまき　開花（春まき）　タネとり　タネまき

ゴデチア
箱まきかポットまき
開花　タネとり　タネまき

スイートアリッサム
ピート板などにばらまきか箱まき
開花（秋まき）　タネまき（春まき）　開花（春まき）　タネとり　タネまき（秋まき）

もっと
知りたい！

3

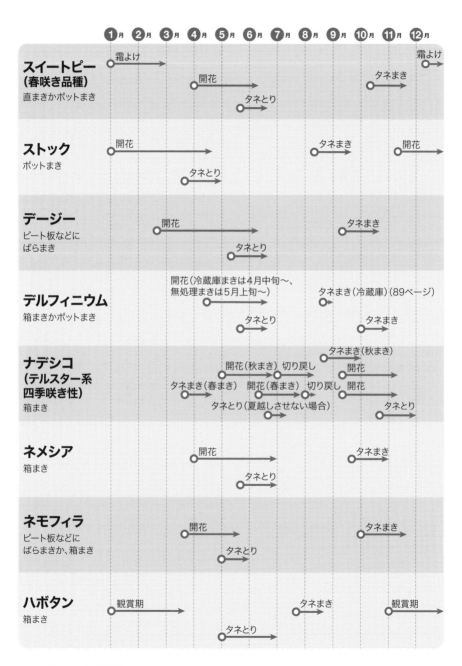

❶月 ❷月 ❸月 ❹月 ❺月 ❻月 ❼月 ❽月 ❾月 ❿月 ⓫月 ⓬月

**スイートピー
(春咲き品種)**
直まきかポットまき

霜よけ
開花
タネとり
タネまき
霜よけ

ストック
ポットまき

開花
タネとり
タネまき
開花

デージー
ピート板などに
ばらまき

開花
タネとり
タネまき

デルフィニウム
箱まきかポットまき

開花(冷蔵庫まきは4月中旬〜、
無処理まきは5月上旬〜)
タネとり
タネまき(冷蔵庫)(89ページ)
タネまき

**ナデシコ
(テルスター系
四季咲き性)**
箱まき

開花(秋まき) 切り戻し
タネまき(秋まき)
開花
タネまき(春まき) 開花(春まき) 切り戻し 開花
タネとり(夏越しさせない場合)
タネとり

ネメシア
箱まき

開花
タネとり
タネまき

ネモフィラ
ピート板などに
ばらまきか、箱まき

開花
タネとり
タネまき

ハボタン
箱まき

観賞期
タネまき
観賞期
タネとり

104　○—➤=作業適期

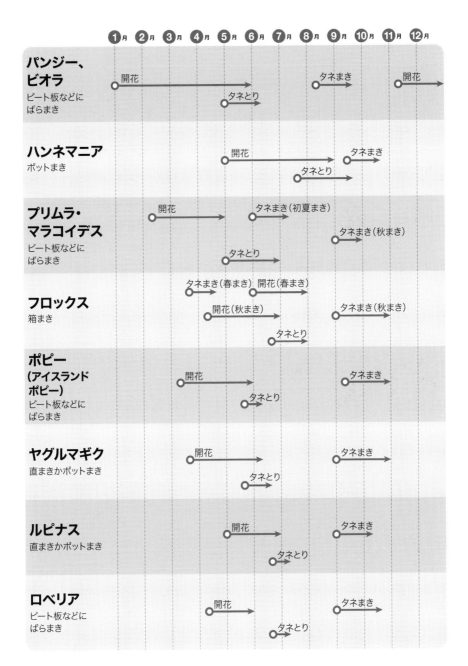

	1月	2月	3月	4月	5月	6月	7月	8月	9月	10月	11月	12月

パンジー、ビオラ
ピート板などにばらまき

開花 →
タネまき →
タネとり →
開花 →

ハンネマニア
ポットまき

開花 →
タネまき →
タネとり →

プリムラ・マラコイデス
ピート板などにばらまき

開花 →
タネまき（初夏まき）→
タネまき（秋まき）→
タネとり →

フロックス
箱まき

タネまき（春まき）→
開花（春まき）→
開花（秋まき）→
タネまき（秋まき）→
タネとり →

ポピー（アイスランドポピー）
ピート板などにばらまき

開花 →
タネまき →
タネとり →

ヤグルマギク
直まきかポットまき

開花 →
タネまき →
タネとり →

ルピナス
直まきかポットまき

開花 →
タネまき →
タネとり →

ロベリア
ピート板などにばらまき

開花 →
タネまき →
タネとり →

さし木の生理
〜根と芽はどんなふうにつくられるか

植物の一部から根や芽が
再生するわけ

　植物には茎ざしや葉ざし、根ざしなど、さし木でふやせるものが多くあります。その場合、さし穂の切り口付近の細胞からこれまでなかった根や芽がつくられます。このように普通は生じない場所につくられる根や芽を不定根、不定芽といいます。

　植物のスゴイところは、葉ざしや根ざしにより不定根と不定芽ができて、やがて1つの植物体に成長するところです。動物の場合、例えば、トカゲやウーパールーパーはしっぽや手足を失うとやがてそれらは再生しますが、切れたしっぽからトカゲ自体が生まれてくることはありません。植物のほうが動物よりも再生能力が高いのです。このように個体（1つの植物や動物）を構成するさまざまな種類の細胞のどれにも分化することができる能力を「分化全能性」といいます。ヒトを含め動物でも植物でも、すべての細胞の起源となる受精卵は分化全能性をもっていますが、動物ではいったん分化するとその能力は失われていくのに対し、植物では分化した細胞であっても条件が整えば受精卵のように別の細胞に分化することができます。

　例えば、多肉植物のコダカラベンケイの葉縁に不定芽が発生することはよく知られていますが、これはいったん葉になった細胞が分裂活性を取り戻し、新たに芽を分化することができるからです。そして、成長すると発根して独立した植物体となり、

親植物から離れ落ちます。

　ちなみに、動物でも再生医療を見据えた分化全能性の研究が進められ、社会的に注目を集めています。ips細胞はいったん何かになった細胞の分化全能性を回復させたもので、さまざまな組織や臓器の細胞に分化することができます。

コダカラベンケイのポット苗。

コダカラベンケイの葉縁にできた幼植物。すでに発根している。

幼植物を鉢に置いて成長させる。

葉ざしのレックス・ベゴニアから不定根が発生、次いで不定芽が出て、2枚の大きな葉が展開している。

セントポーリアの葉柄に生じた不定芽と不定根。

オーキシン&サイトカイニン。 2つの植物ホルモンが カギを握る

　葉ざしができる植物では、葉をさすとまず先に不定根がつくられることが多く、これには植物ホルモンの一種であるオーキシンが関与しています。オーキシンは通常、茎の先端の芽や若い葉などで合成され、葉の中で重力の方向（下）に向かって運ばれていきます。一方、芽の形成にはサイトカイニンという根の先端で合成される別の植物ホルモンがカギを握っています。葉ざしをすると、葉が切断されたという障害がきっかけになり、葉の中の植物ホルモン濃度に変化が生じます。葉の基部側の切り口部分にオーキシンが蓄積して不定根が生じ、するとその根でサイトカイニンが合成され、不定芽の形成が誘導されます。しかし、不定根は比較的容易につくられるのですが、不定芽ができる植物の種類は限られています（35ページの表参照）。植物がもともともっている植物ホルモンや分裂組織（細胞）が関与しており、その仕組みは複雑です。ただ、上述したように、植物は分化全能性をもっているので、植物成長調節剤（植物ホルモンや人工的に合成された物質など）を添加した培地で植物の組織を培養すれば、不定根や不定芽がつくられ、やがて植物体に発達する可能性があります。

　この分化全能性を利用したバイオテクノロジー技術は、チョコレートコスモスのような自然状態ではあまりふえない植物や、タネでは同じ形質が残せない雑種の植物、カタクリのような希少植物の増殖・救助などで実用化されています。

もっと知りたい！

5

主な鉢花の管理・作業カレンダー

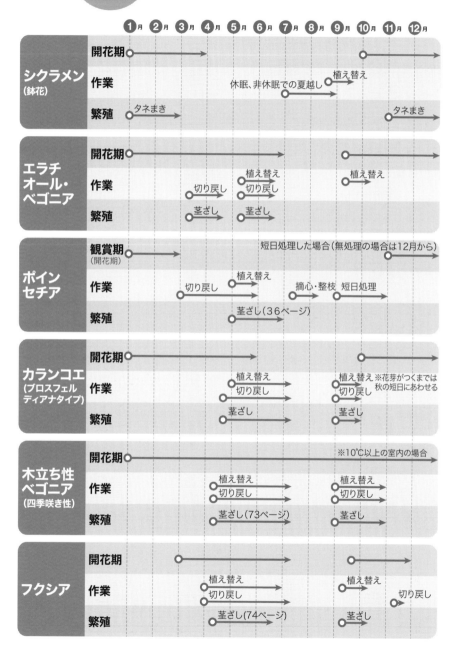

月: 1月 2月 3月 4月 5月 6月 7月 8月 9月 10月 11月 12月

シクラメン（鉢花）
- 開花期：1月→4月、10月→12月
- 作業：休眠、非休眠での夏越し、植え替え
- 繁殖：タネまき（3月）、タネまき（11月）

エラチオール・ベゴニア
- 開花期：1月→8月、9月→12月
- 作業：切り戻し、植え替え／切り戻し、植え替え
- 繁殖：茎ざし、茎ざし

ポインセチア
- 観賞期（開花期）：1月→3月、短日処理した場合（無処理の場合は12月から）→10月
- 作業：切り戻し、植え替え、摘心・整枝　短日処理
- 繁殖：茎ざし（36ページ）

カランコエ（プロスフェルディアナタイプ）
- 開花期：1月→6月、10月→12月
- 作業：植え替え／切り戻し、植え替え／切り戻し　※花芽がつくまでは秋の短日にあわせる
- 繁殖：茎ざし、茎ざし

木立ち性ベゴニア（四季咲き性）
- 開花期：※10℃以上の室内の場合
- 作業：植え替え／切り戻し、植え替え／切り戻し
- 繁殖：茎ざし（73ページ）、茎ざし

フクシア
- 開花期：4月→8月、9月→12月
- 作業：植え替え／切り戻し、植え替え、切り戻し
- 繁殖：茎ざし（74ページ）、茎ざし

*関東地方以西基準
*開花期は家庭で育てた株ではなく、市販されている株を目安とする。

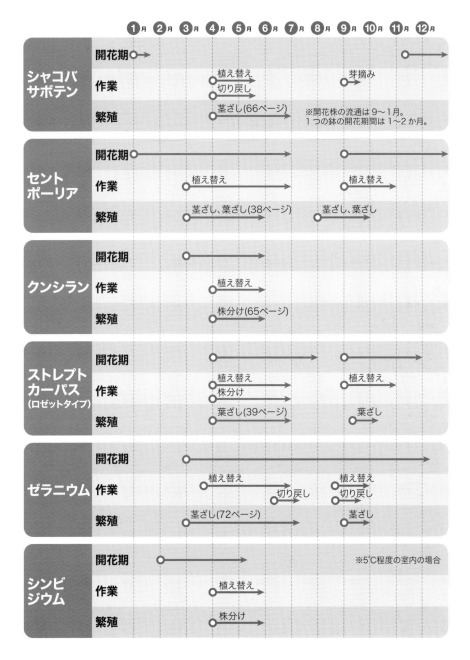

月 ①1月 ②2月 ③3月 ④4月 ⑤5月 ⑥6月 ⑦7月 ⑧8月 ⑨9月 ⑩10月 ⑪11月 ⑫12月

シャコバサボテン
- 開花期
- 作業：植え替え／切り戻し／芽摘み
- 繁殖：茎ざし(66ページ)
- ※開花株の流通は9〜1月。1つの鉢の開花期間は1〜2か月。

セントポーリア
- 開花期
- 作業：植え替え／植え替え
- 繁殖：茎ざし、葉ざし(38ページ)／茎ざし、葉ざし

クンシラン
- 開花期
- 作業：植え替え
- 繁殖：株分け(65ページ)

ストレプトカーパス（ロゼットタイプ）
- 開花期
- 作業：植え替え／株分け／植え替え
- 繁殖：葉ざし(39ページ)／葉ざし

ゼラニウム
- 開花期
- 作業：植え替え／切り戻し／植え替え／切り戻し
- 繁殖：茎ざし(72ページ)／茎ざし

シンビジウム
- 開花期 ※5℃程度の室内の場合
- 作業：植え替え
- 繁殖：株分け

109

移植（いしょく）

植物を移し替えて植えること。タネまきでは、苗床から育苗用のポットなどに植え替えることを指す。

栄養繁殖（えいようはんしょく）

植物の体の一部を使ってふやす繁殖方法。さし木、株分けのほか、つぎ木やとり木、組織培養などでふやすことも含まれる。

遅霜（おそじも）

春の最後の霜が降りた日の平均値より遅く降りる霜。関東地方以西では4月中旬以降に降りる霜を指す。

株分け（かぶわけ）

大きくなった株を分割してふやすこと。株をリフレッシュさせる方法でもある。

休眠（きゅうみん）

一時的に生育を止めている状態。タネ、球根、冬芽などが発芽や成長に適さない環境条件下で成長を止めることが多い。

切り戻し（きりもどし）

伸びた茎や枝を途中まで切り詰めること。草丈を抑えるだけでなく、草姿が乱れた株の仕立て直しもできる。

さし木（さしき）

植物の茎や葉、根など植物体の一部を切り離して用土や水にさし、根や芽を出させて新しい植物をつくる繁殖方法。草花ではさし芽、木本植物ではさし木ということも多い。

さし床（さしどこ）

さし穂をさして根や芽を出させるために、育苗箱や鉢などの容器にさし木用土を入れたもの。

さし穂（さしほ）

さし木で使う茎や根、葉など。

自家受粉（じかじゅふん）

同じ個体の花粉がその雌しべの柱頭につくこと。異なる個体間の場合は他家受粉。

直まき（じかまき）

育苗せずに花壇などにタネを直接まくこと。移植を嫌う植物や大きなタネの植物などで行う。

種子繁殖（しゅしはんしょく）

タネをまいて植物をふやすこと。

すじまき

育苗箱や花壇などに溝をつけて、タネをすじ状にまくこと。

短日植物（たんじつしょくぶつ）

暗い時間が一定の時間（おおむね12〜15時間）以上のときに花芽分化や開花が促進される植物。

摘心（てきしん）

茎の先端の芽を摘み取ること。ピンチとも。摘心を行うと、下のわき芽の伸長が促され、枝数がふえる。

点まき（てんまき）

株間をとって浅い穴をあけ、1か所に数粒ずつタネをまくこと。

突然変異（とつぜんへんい）

もともとはなかった形質が突然現れたり、なくなったりし、それが遺伝する現象。育種のため放射線の照射などで人為的につくり出す場合もある。

根腐れ（ねぐされ）

根が腐ること。長雨や水のやりすぎなど土壌の過湿が最も多い原因の一つ。土の中にいる病原菌や肥料過多によって起こることもある。

根ざし（ねざし）

さし木の方法の一つで、根を適度な長さに切ってさし床に伏せ（さし）、芽を出させる方法。根伏せ。

培養土（ばいようど）

いくつかの素材（土）を調合してつくった植物の栽培用土。配合土。

鉢上げ（はちあげ）

苗床から栽培用の鉢やポットに移植すること。

発根促進剤（はっこんそくしんざい）

さし木の発根を促すための薬剤。さし穂の切り口に粉衣や塗布したり、切り口を薬液につける。

葉水（はみず）

葉に噴霧器などで水をかけること。葉のしおれを防ぐだけでなく、周囲の湿度を高めて、乾燥を好むダニ類の発生を抑えたり、葉の汚れを落とすこともできる。夏には、水が蒸発するときに気化熱としてほてった植物の体の熱を奪い、温度を下げる効果がある。

ばらまき

タネを均一に散らしてまくこと。

覆土（ふくど）

タネまきや球根を植えるときに、タネや球根の上に土をかぶせること。覆土が厚すぎると発芽しにくく、薄すぎると根が持ち上がって生育に支障をきたす。

間引き（まびき）

まき床や花壇で生育に適切な間隔になるよう、発芽後に混み合っている幼苗を抜き取ること。

マルチング

植物を植えた土の表面を腐葉土や堆肥などの有機物やプラスチックフィルムなどで覆うこと。土の乾燥を防ぐ、株元の雑草を抑える、地温の急激な変化を抑える、冬には防霜効果と保温効果もある。

植物名索引

本書で、プロセス写真や図鑑ページ、ほかの記事中で写真や図を紹介している植物の種名（学名のカタカナ表記のみ）を五十音順に一覧にしました。

NHK
趣味の園芸

12か月
栽培ナビ
Do

花苗をふやす
タネまき・さし木・株分け

2023年5月20日　第1刷発行

著者	島田有紀子
	©2023　Shimada Yukiko
発行者	土井成紀
発行所	NHK出版
	〒150-0042
	東京都渋谷区
	宇田川町10-3
電話	0570-009-321(問い合わせ)
	0570-000-321(注文)
ホームページ	https://www.nhk-book.co.jp
印刷	凸版印刷
製本	ブックアート

島田有紀子

しまだ・ゆきこ／大阪府立大学大学院農学生命科学研究科修了。博士（農学）。広島市植物公園勤務ののち、フリーランスに。ペラルゴニウム属やベゴニア属などの鉢花や草花一般に造詣が深く、特に変わり葉ゼラニウム研究の第一人者。タネまきやさし木などの増殖の技術も高い。「NHK 趣味の園芸」の番組・テキストや、各地での講演など家庭園芸ファンへの普及に日々努めており、伝え方のわかりやすさにも定評がある。

アートディレクション	岡本一宣
デザイン	高砂結衣、大平莉子
	(O.I.G.D.C.)
撮影	田中雅也、島田有紀子
イラスト	江口あけみ
DTP	ドルフィン
校正	倉重祐二、安藤幹江
編集協力	うすだまさえ
企画・編集	向坂好生